物語のはじめに

1968年。恐竜発掘がまだ「遠い国のはなし」だった時代。
高校2年生の化石ハンターの少年がひとり、
福島県いわき市にある大久川のそばで調査をしていた。
ある確信めいた目的を持って——。

大久川のほとりには、双葉層群《ふたばそうぐん》が分布する。
この地層から、中生代の巨大生物の化石が
わずかに見つかっていたことを、勉強熱心な少年は知っていた。
「出るに違いない」
いつものように大久川沿いの崖を調べていると、
長年の浸食で高さ1・5メートルにわたって
えぐれている場所を認めた。そしてその断面に、
いかにも巨大生物を思わせる骨が、並ぶように埋もれていた。

このとき見つかったのは、恐竜時代に生きた海生爬虫類のひとつである、首長竜であった。

のちに日本に一大ブームを巻き起こすこととなる「フタバスズキリュウ」である。

地層の名前と発見者である少年の名前からそう名づけられ、2年にわたる発掘と調査ののち、その姿が明らかにされた。


この発見・発掘の物語は、多くの人に夢を与えた。

こんな大きな首長竜が見つかったのなら、この日本で、恐竜の骨も発見できるかもしれない。実際、各地で発掘調査が活発に行われるようになり、恐竜発掘は「遠い国のはなし」ではなくなった。


しかし一方で、フタバスズキリュウの研究は、はたと行き詰まる。

もろもろの状況から、新属新種である可能性も早くに指摘されたが、このころの日本は、爬虫類化石の研究の土壌が整っておらず、解明には多くの壁が立ちはだかった。

日本で一躍人気者となったフタバスズキリュウは、
科学的な研究がされることのないまま、時だけが刻々と流れていった。

ところかわって1970年代半ば。東京。
ひとりの小さな女の子が恐竜図鑑を熱心に眺めていた。
長い首と尾をもつディプロドクス、
頭に3本の角を生やしたトリケラトプス……、
大好きな恐竜と並んで、
「鈴木くんが見つけたフタバスズキリュウ」の姿も、
その目は好奇心いっぱいに捉えていた。

女の子の夢は、恐竜博士になること。

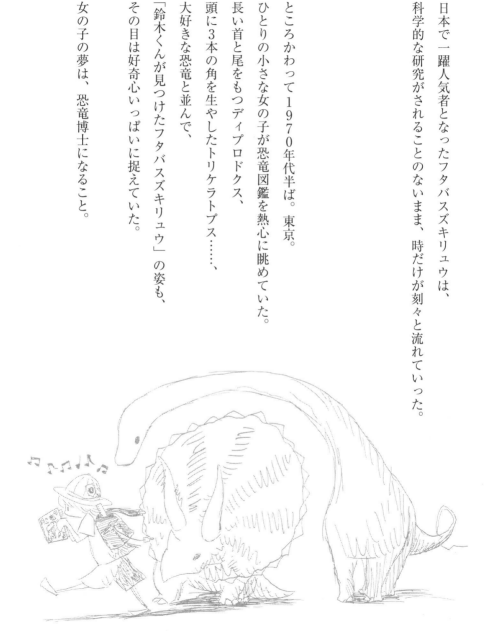

そして夢をまっしぐらに貫いた彼女は、
紆余曲折あって首長竜の研究者となり、思いもかけず、
あの「フタバスズキリュウ」の研究をすることになるのであった。

いま彼女は、勤め先の大学で、
多くの学生の指導にあたる傍ら、「その日々」を振り返っている。

恐竜博士を夢見た幼いころ。首長竜と出会い、夢中になった日々。
フタバスズキリュウと向きあった駆け出し研究者時代。
記載論文が受理され、肩の荷を下ろした瞬間。
ガチガチに緊張しながら、世界デビューに立ち会った日。

ここに記されているのは、
フタバスズキリュウと、ある首長竜研究者の、
知られざる「もうひとつの物語」である。

フタバスズキリュウ　もうひとつの物語

Futabasaurus suzukii
ANOTHER STORY

古生物学者
佐藤たまき

ブックマン社

もくじ

物語のはじめに……1

第1章

フタバスズキリュウの研究に至るまで

恐竜博士になりたくて……10
目指すは古生物学者……18
首長竜との出会い……31
留学準備……42

シンシナティでの暮らし 50
インターミッション 62
カナダで首長竜三昧 67
突然、フタバスズキリュウ 77

第2章 フタバスズキリュウの名づけ親になる

有名竜を記載するということ 82
先人の足跡を辿る 97
最初の原稿 108
果報は寝て待つ 130
いよいよお披露目 148

対談――鈴木 直 × 佐藤たまき
フタバスズキリュウの発見は
白亜紀の「窓」を広げた …… 154

鼎談――長谷川善和 × 真鍋 真 × 佐藤たまき
フタバスズキリュウ記載までの38年と
日本の古生物研究の発展 …… 184

あとがき …… 208

本書の出版に寄せて
フタバスズキリュウ発見から50年 真鍋 真 …… 213

第1章

フタバスズキリュウの研究に至るまで

Futabasaurus suzukii
ANOTHER STORY

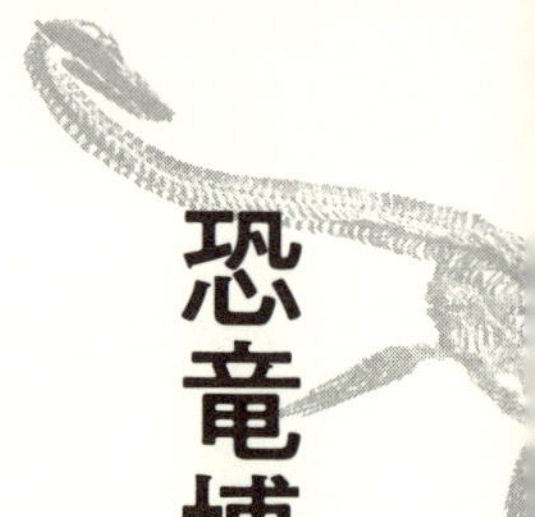

恐竜博士になりたくて

物心がついたときには恐竜に夢中だった

日本では、私くらいの年代で専門家として古生物学を研究している女性はとても少ない。そのためか、古生物学者になった理由やきっかけを尋ねられることが多い。そもそも国レベルで全般的に理系の女性研究者が少ないことを考えると、古生物学を志す女性がほかの分野に比べて特に少ないということはないと思うが、それにしても甘やかしてくれるお姉さんが少ないのは寂しいものだ。ただし、幸いなことに私より下の年代では優秀な女性研究者が次々に出てきているので、頼もしい妹たちの活躍が楽しみである。

さて、私が古生物学者になった理由は、小さいころから古生物（私の場合は特に恐竜などの大型爬虫類）が好きだったからという、極めて単純なものである。幼稚園に通うようになるころにはすでに、将来の夢は恐竜博物館の科学者になることであると明言していた。そして、私のなかのこの部分は、幼稚園児で成長が止まったらしい。

古生物学

恐竜やアンモナイトなど、過去に生きていて現在は絶滅している生物を古生物といい、それらを研究する学問のこと。

アンモナイト

私の父は大学教員で化学を教えており、母も子供を産むまでは大学の化学教室の技官であった。ちなみに姉も化学者になったので、理系の一家である。そのため、学者や研究者はもっとも身近な職業であり、将来は好きなものを研究する科学者になりたいと考えるのは自然な流れであったのだろう。しかし、なぜ恐竜が好きになったのかは、じつは私自身もよくわからない。幼少時の記憶は3～4歳くらいまで遡《さかのぼ》れるが、そのときにはすでに恐竜が好きであった。家族から聞いた話では、祖母や両親がいろいろな図鑑を買い与えたなかで、なぜか恐竜の図鑑が気に入ってしまったのだそうだ。実際、わが家には小学館や学研や旺文社など様々な出版社の図鑑があり、何度も何度も読んだことを覚えている。そのころの女の子の遊びと言えばリカちゃん人形、男の子ならミニカーやウルトラマンと相場が決まっていたが、私は恐竜の人形（フィギュア）で遊んだり、恐竜ごっこに興じたりしていた。今思えばかなり変わった子供だったと思う。しかし、家族や近所の友達や親戚もそういう私をごく普通に受け入れてくれて、一緒に

恐竜
中生代に陸上で繁栄した爬虫類。なお、同時代に生きた大型の爬虫類としては、フタバスズキリュウなどの首長竜のほか、翼竜、魚竜などがいるが、これらは恐竜ではない。

遊んでくれたし、誕生日には恐竜関係の本をプレゼントしてくれたりした。また、博物館やデパートで恐竜展が開催されると、よく連れて行ってもらったものである。ちなみに、このようにして子供のころに集めた恐竜関連の本やグッズの多くは、今でも私の手元にある。当時の私のお気に入りナンバーワンはディプロドクスという首も尻尾も長い恐竜で、僅差の2位が頭に3本の角を生やしたトリケラトプスであった。

「フタバスズキリュウ」という生き物の名前を最初に知ったのはいつのことだったか正確には思い出せないが、かなり幼いときであったはずである。フタバスズキリュウの化石が発見されたのは１９６８年で、１９７２年に私がこの世に生を受ける前のことであり、私が子供のころに読んだ恐竜・化石関係の本には必ずと言ってよいほどフタバスズキリュウが登場していて、それは復元図であったり漫画であったり、発掘を巡るドキュメンタリー調の文章であったりした。また、東京・上野の国立科学博物館（以下、科博）で、当時は「みどり館」と呼ばれていた建物に全身骨格が

ディプロドクス
(*Diplodocus*)
ジュラ紀後期に栄えた竜脚類。四足歩行の植物食恐竜で、体長は22～26mにまでなり、長い首を動かして採食していた。また、首とのバランスを取るように尾も長い。

トリケラトプス
(*Triceratops*)
白亜紀後期に栄えた角竜類。植物食で体長は8～9m。目の上から突き出た2本の長い角と鼻の上にある1本の角、大きなフリル（襟飾り）が特徴。

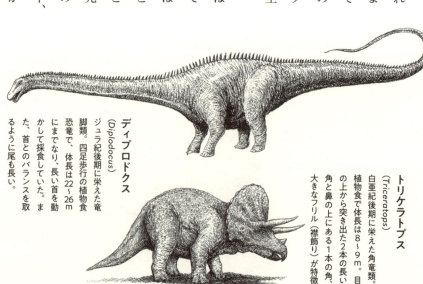

「みどり館」に展示されていたフタバスズキリュウ。時代により、設置位置等は何度か変更された。（提供：国立科学博物館）

展示されているのを見たことも覚えている。もちろん、小さな子供であった私には学術的な難しい話はまったくわからなかったし、30年後に自分がここまで深く関わるとは思ってもみなかった。

受験勉強、アイドル、部活……

東京都江戸川区で育った私は、区立中小岩小学校、小岩第三中学校、都立両国高等学校で学校生活を送った。小学校の高学年くらいから大学に入学するまで、私の生活の中心は恐竜でも首長竜でもなく、受験勉強であった。毎週末に進学塾に通い、夏冬春の長期休みも講習会や勉強合宿で勉強漬けだったが、競争したり励まし合ったりす

国立科学博物館
日本でもっとも歴史ある総合科学博物館。通称「科博」。東京・上野に展示施設である本館があり、地上3階建ての日本館と、地下3階地上3階建ての地球館からなる。研究施設は新宿区にあったが、2012年に茨城県つくば市に移転した。

「みどり館」
1975年に4号館として施工、75年に自然史館、94年にみどり館に改められ、2004年に現在の地球館がグランドオープンするにあたり03年に閉館した。地上5階建てで、2～4階の展示フロアのうち、フタバスズキリュウの全身骨格は4階展示室で見ることができた。写真参照。

理系一家の次女に生まれ、恐竜に夢中になっていた7歳のころ。
左から2人目。

10歳のころ、当時飼っていた犬の九郎と。

る友達がたくさんできたので、とても楽しいものだった。また、暇さえあれば本ばかり読み、気に入った作家の本は片っ端から読んでいくような文学少女になり、古今東西の文筆家はとてもかっこいい存在であった。一方でアイドルやスポーツ選手に憧れて、テレビにしがみついて歌番組や試合を観て、一緒にファンになった学校の友達と休み時間にキャーキャー騒ぐのにも忙しかった。部活動は小学校で合奏部、中学校で美術部、高校では文学部・家庭部茶道班・地学部を掛け持ちし、存分に学校生活を満喫した。文化祭などのイベントがあると、裏方でも表に出る担当でも、かなり気合を入れて取り組んだものである。ちなみに高校で地学部に入ったのは恐竜が目当てであったのに、私以外の部員は全員が天文好きで活動もおのずとそちらへ片寄ったが、天体観測もおもしろくて熱心にやった。いずれも恐竜や化石とはまったく縁のない世界であったものの、学校や塾で出会った友達のなかには今でも付き合いが続いている人もいて、会うたびに当時の思い出話に花が咲くのはありがたい限りである。

こうして思い切り謳歌《おうか》した学校生活は、古生物学など出る幕もないほどいろいろな人や物に出会い、それはそれでとても恵まれたものであった。それでも、将来の職業としては常に古生物学者を目指していた。子供は成長に伴って新しい興味関心の対象に出会い、職業にも様々あることを知り、そのなかで現実的にもなって進路の希望が変わっていくものであると聞く。しかし、私はこの点に関しては子供のころに病膏肓《やまいこうこう》に入《い》って、すでに体の一部になっていたのであろう。幼少時に比べると恐竜に対する情熱は日常的なものではなくなり、ときどき新しい本を読んだり恐竜展を見に行ったりする程度にはなっていたが、将来は古生物学者になりたいという考えが変わることはまったくなかった。

成績は文系タイプであるという問題

大学受験を考えるころになると、自宅から通える大学で古生物学者がいる理学部地学科、という条件を考えて、東京大学を目指すことにした。しかし、成績がどう見ても文系タイプであるという、わりと深刻な問題に直面した。数学が苦手で、さらに理科では物理と化学を選択したが、この物理が数学よりもできなくて、大変苦労したのである。しかし両親の教えから、数学と物理と化学は科学の基礎をなすから理系を志す以上は避けて通れないと考えていたので、試験の点数がどれほどひどくても、受験科目や志望校を変更するという発想はなかった。幸いなことに、私の第一志望は大学入試センター試験でも二次試験でも受験科目が多く、得意科目の国語と社会と英語で点を稼ぐという作戦が、どうにか通用したようである。

なお、古生物学は高校の理科としては地学と生物学に関わる部分が多いため、私が高校時代に地学も生物も選択していなかったと言うと驚かれることが多い。しかし理学系の大学のカリキュラムであれば、高校理科で未修の科目も、入学してから一通り勉強することになる。大学で学ぶ内容に比べると、高校で学ぶ内容はイントロダクションに過ぎないので、高校理科での既習・未習の差は誤差の範囲と言っていい。また、古生物学の研究には、使える知識や道具は何でも使う必要がある。たとえば恐竜が走るスピードを推定するには力学を使い、アンモナイトが棲んでいた海の水温を知るには同位体を使い、化石動物の筋肉を復元するには解剖学を使い、過去の事変が起きた年代を知るには地質学を使う。そのため、私個人の意見としては、高校の理科の選択科目は何でも構わないと思っている。既習の科目は先んじてスタートしているだけなので、大学の教養課程が終わるころには関係なくなっているはずである。

受験を振り返って私が親や学校の先生に感謝したいのは、成績に合わせて進路変更を勧められることがなかった、ということである。単純に大学入試の勝率だけを考えれば文転を勧められる状況であったと思うが、私の覚えている限りでは理学部受験を止められたことはなかった。わが親、わが先生ながら、大した度胸であったと心から思う。まあ、もしかしたら勧めても言うことを聞かないと悟られていたのかもしれない。

同位体
同じ原子のなかで質量（中性子の数）が異なる原子のこと。

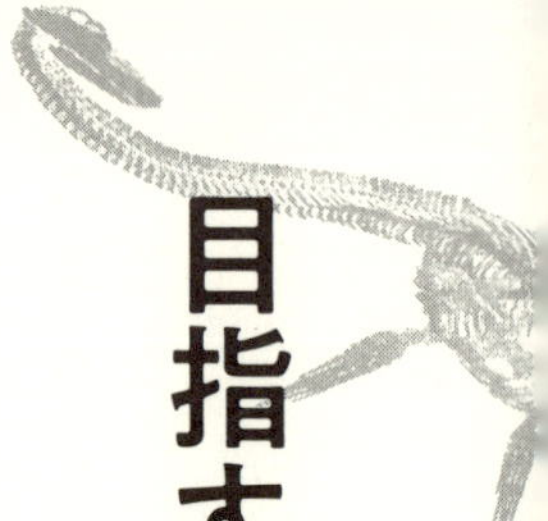

目指すは古生物学者

真面目だけど成績は残念

私は1991年の4月に東京大学教養学部理科Ⅱ類に入学した。東大は入学時に文科Ⅰ～Ⅲ類と理科Ⅰ～Ⅲ類に分かれていて、1～2年生のときは全員が駒場の教養課程で学び、3年生から専門の学部に分かれるというシステムになっている。理科Ⅱ類には理学部・薬学部・農学部などに進学を希望する学生が多く入学していた。仲のいいグループができたが、彼らの希望する進路は生物学だったり数学だったり物理学だったりとバラバラであった。地学科を目指していたのはここでも私一人であったが、まったく疎外感はなかった。東大では3年生に進級する際に「進振り」と呼ばれる制度があり、定期試験の平均点がよい順に専攻の定員が埋められていくため、成績が悪いと希望する学科に進学できないことがある。そのため、人気の高い学科を目指す友人は、気持ち悪いくらい頭がよい人でも真面目に勉強に取り組んでおり、わからないところを教えてもらったり、休んだり遅刻したりしたときのノートを見せ合ったりした。そして私の文学少女っぷりは駒場時代に頂点に達し、気に入った作家の作品を読み尽くしたり、長編小説を何日もかけて読破したり、友人と本を紹介し合ったり、読み終える競争をしたり、図書館の本棚でマイナーな作家の隠れた名作を発掘したりすることにも勤しむ日々であった。

当時の日本はバブルが崩壊したばかりの時期で、世の中はバブルの余韻を引きずっていた。なかでも世間知らずの大学生は率先して浮かれまくっていたのか、大学がレジャーランド化していた。東大でも、授業にはほとんど出席せずにサークル活動やバイトに明け暮れ、地頭はいいので試験直前にちょろっと勉強するだけで期末は楽勝、という学生が非常に多かった。そんななか、私は毎朝お弁当を作って7時過ぎ発のすし詰めの電車で大学に行き、5時間目の授業が終わるとまっすぐ帰宅して、毎晩7時には自宅で家族と夕食を食べるという、真面目な学生であった。もっとも、きちんと授業に出るわりには相変わらず数学と物理の成績が芳しくなく、授業に出なくても一夜漬けでAを取る同級生を見て切ない思いをしたものである。しかし、自分が大学教員になって思うに、授業にすべて出席しながら試験がさっぱりできない学生に成績をつけなければならなくなった先生も、さぞお困りになったのではないだろうか。ともあれ、駒場では教養科目で点を稼いで専門科目のロスを補うという、何やら覚えのあるパターンを繰り返した。

生きている化石研究会

古生物学に関しては、大学に入ってすぐに大きく進展があった。駒場に通い始めて間もなく、私は濱田隆士《はまだたかし》先生の研究室を訪れた。父が濱田先生を個人的に存じ上げており、ご挨拶に伺うように勧めてくれたのである。濱田先生は東京湾のサンゴ化石の研究などで有名であり、東京大学をご退職後には放送大学で教鞭《きょうべん》を執り、福井県立恐竜博物館や神奈川県立生命の星・地球博物館の館長などもお務めになった古生物学者である。もっとも、自然史の様々な分野に関心をお持ちで、教育普及活動にもとても積極的に取り組んでいらっしゃり、「古生物学者」という一言ではとても説明しきれないスケールの大きな先生であった。今にして思うと、私が初めて親しく教えを受けた古生物学者であったのではないだろうか。

濱田隆士
１９３３-２０１１年。地球科学者、古生物学者。東京大学、放送大学を経て、福井県立恐竜博物館初代館長を務めた。著書に『生きている化石動物』（保育社）、『化石入門』（小学館）など。

福井県立恐竜博物館
福井県恐竜化石調査で見つかった多くの資料の研究、展示、地域振興などを目的に２０００年に開館。勝山市から産出した獣脚類やイグアノドン類の化石を収集・展示している。

神奈川県立生命の星・地球博物館
小田原市にある、自然科学系の博物館。地球46億年の歴史と生命の多様性を、主に実物資料を用いてわかりやすく展示している。１９９５年3月、神奈川県立博物館の自然史部門が独立する形でオープンした。

生きている化石
大昔の姿を現在にとどめて生き残っている生物のこと。遺存種、レリックまたはレリクトとも。魚類ではシーラカンス、頭足類ではオウムガイなどが有名。

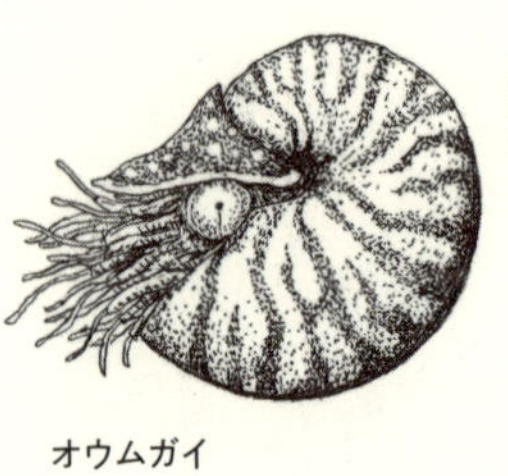
オウムガイ

濱田先生はとても気さくな先生で、私が恐竜好きであることをお伝えすると、「生きている化石研究会」というインフォーマルなグループを紹介してくださった。この研究会は濱田先生が駒場で教えていらっしゃったゼミナール形式の授業のメンバーが中心になって活動していて、会の名前の「生きている化石」に留まらず、様々な分野に興味関心を持つ人の集まりである。私が参加した当時のメンバーの主力は大学院生であったが、専門は化石だったり岩石だったりイカ・タコだったり解剖だったり植物だったりサンゴだったり地球物理だったり音楽だったり、とにかく多種多様であった。ここで私は「恐竜娘」というニックネームを賜った。

ちなみに私が生まれて初めてフタバスズキリュウの故郷である福島県いわき市を訪ねたのは、この研究会の合宿であった。正確な年や日付は思い出せないが学部生時代のことであり、フタバスズキリュウの化石が出たという露頭《ろとう》を見て、恐竜のオブジェが

露頭
岩石や地層が露出している場所。自然では海岸や河岸、人工的なところでは林道などの切り割りや工事現場、採石場などで見られる。

濱田先生命名の「恐竜娘」時代。生きている化石研究会で行った海竜の里センターにて。

ある海竜の里センターという施設や地元の博物館に行き、温泉宿に泊まったことを覚えている。

濱田先生はまた、私を福井県勝山市で行われていた恐竜発掘に参加できるよう紹介してくださった。現在は県立恐竜博物館で有名な福井県であるが、当時はまだ恐竜博物館は建っていなかった。濱田先生と東洋一《あずまよういち》先生が中心になって発掘チームが活動しており、夏休みにはあちこちの大学生がスキー場に泊まり込んで発掘に参加していた。日中はヘルメットをかぶって露頭でハンマーを振るい、夜は夕食を食べながらカラオケとおしゃべりに興じる日々であった。私は当然のことながら恐竜の骨を見つけるつもりで張り切って参加したが、残念ながら非常に保存状態の悪い二枚貝と思しき物体くらいしか化石らしいものは見つけられなかった。ちなみに私はこの発掘で、現在は北海道大学にいらっしゃる小林快次《こばやしよしつぐ》さんに初めてお会いした。今では日本の恐竜学を引っ張る小林さんも当時は大学生であり、アメリカのワイオミング大学に留学したばかりのころであったと思う。すでに日本の大学生とは雰囲気が違っていて、アメリカンな人だなあと思った記憶がある。何が「アメリカン」だったのか今でもよくわからないが、とにかく独特な印象を受けた。

海竜の里センター
フタバスズキリュウが発掘された大久川沿いにある施設。化石の展示のほか、観覧車やブラキオサウルスの大きなすべり台など遊具も充実し、家族連れに人気がある。

野外調査旅行で地層を調べる『生きている化石』関係者一同。熱心な学生が集まると、急斜面も藪も気にしないで崖に取り付くので、狭い足場に並んで押し合いへし合いが起きる。

骨ゼミとキャロル

駒場時代には、もう一つ別のルートで古生物学を勉強する機会を得た。1年生の前期に受講した生物学の先生の元へ質問に行った際に、恐竜が好きであることをお話ししたところ、大学院理学系研究科に進学して地質学教室にいる教え子を紹介してくださり、その方がさらに藻谷亮介《もたにりょうすけ》さんと江木直子《えぎなおこ》さんを紹介してくださったのである。藻谷さんも江木さんも現在は古脊椎動物学者としてそれぞれカリフォルニア大学デイビス校と京都大学霊長類研究所をベースに活躍なさっているが、当時はお二人とも留学を目指す学生として地質学教室に在籍していらっしゃった。このお二人は医学解剖学教室の犬塚則《いぬづかのり》久《ひさ》先生の元で開催されている「骨ゼミ」というインフォーマルな勉強会のメンバーであったため、私も参加させていただくことになった。古脊椎動物学者としての私の基礎を築いたのは、この骨ゼミであった。

犬塚先生はデスモスチルスなどの化石哺乳類の研究がご専門の古生物学者であり、解剖学の実習などを指導なさる傍ら、月に一回開催される骨ゼミで古脊椎動物学を志す学生や若手研究者の指導をなさっていた。骨ゼミでは英文の古脊椎動物学の教科書の輪読《りんどく》を行っており、担当になると辞書と首っ引きで和訳を準備していった。ちなみに、この

デスモスチルス
(*Desmostylus*)
束柱目デスモスチルス科。中新世中期から後期にかけて生息した半海棲の哺乳類。名は柱を束ねたような特徴的な歯に由来し、「デスモス（束ねる）」「スチロス（柱）」というギリシャ語から。

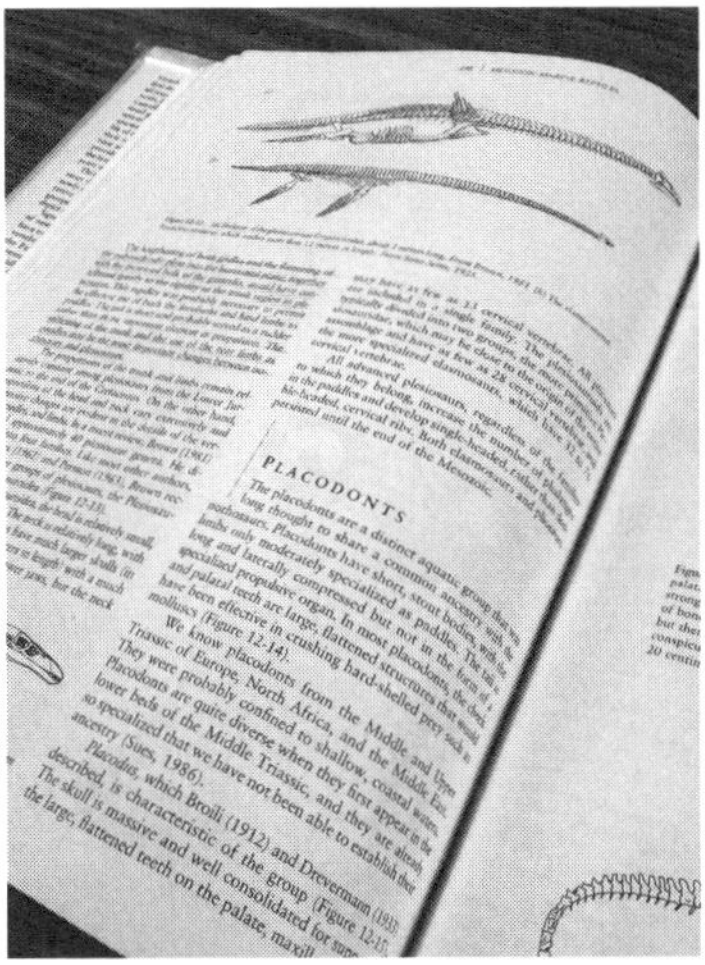

キャロルは今でも現役で、ほかの本と一緒に研究室の棚に収められている。

ときに輪読していたのは、古脊椎動物学の教科書としては世界的に有名な『Vertebrate Paleontology and Evolution』(Robert Carroll著）という1988年に出版された本であり、骨ゼミでは著者名から「キャロル」と呼ばれていた。聞いたこともない動物の名前や和訳のない専門用語が次々に出てきたが、犬塚先生や骨ゼミの先輩たちに励まされながら、私はこの本を必死になって読み進めた。ハードカバーの厚い本で、英語の辞書（当時は紙の辞書しかなかった）と一緒にカバンに入れると重たくて閉口したものである。この教科書は脊椎動物の起源から魚類、両生類、爬虫類、鳥類、哺乳類までを網羅し、美しい骨格図と大量の引用論文リストと分類群のリストが添えられた大

輪読
ひとつの本を数人が順に読み、それぞれの解釈に対して意見や問題点などを論じ合うこと。

著であり、それからずっと「何かわからなかったら、とりあえずキャロルを見る」という、よろず相談所の役割を果たしてきた。30年前に出版された本であるため今となっては古めかしい記述も多く、私が大学院生のときには背表紙が壊れて分解したために製本し直したご老体であるが、今でもときどき引っ張り出してお世話になっている。初学者としてこのような名著に巡り合ったことは本当に幸運であり、この本を教科書として育った世界中の古脊椎動物学者で同じことを思っている人は多いのではないだろうか。

キャロルの輪読と並行して、私は人体骨学を勉強した。毎週土曜日の午後に犬塚先生の研究室の一隅に陣取って、医学部の骨学実習で使われている手引書を借りて、バラバラになったさらし骨を実際に手に取って観察し、ノートに骨の形をスケッチして骨や部位の名前を記入していったのである。スケッチは私の研究活動に欠かせないスキルになっていったのであるが、その基礎もここで学んだ。私は中学校で美術部に所属していたとは思えないほど絵が下手で、二次元の紙に三次元の骨の形を描くことが非常に難しくて苦労した。しかし、様々な描き方を試しながら気長に描き進めているうちにだんだん慣れていったようである。人体一体分の骨をスケッチするのにどのくらいかかったのかは正確には覚えていないが、延べ時間で優に数十時間はかかっていると思う。

鍛えられて「研究者」になっていく

さて、2年生後期の進振りを経て無事に理学部地学科地質鉱物学コースに進むことが決まり、3年生の4月から私は本郷キャンパスに通い始めた。専門課程では月曜から金曜まで、午前中は講義、午後は実習という毎日で、地質学や鉱物学の様々な分野の勉強をして、泊りがけの野外実習や巡検《じゅんけん》も数多くこなした。本郷でも私の毎日は駒場と基本的に変わらず、すべての授業と実習に出席しているくせにときどき試験でスベり、野外実習では丁寧にデータを取ったはずなのに独創的な地質図を描いて先生を戸惑わせたりと、相変わらず真面目だが少々残念な学生であった。

同期は私を含む女子2名男子10名の合計12名であったが、協調性より自主性に勝る個性的な面々が多くてまったくまとまりがなく、ある先生に「こんな学年、見たことない」とこぼされたほどであった。確かに今思い出しても笑ってしまうくらい酷い学年で、共に勉学に励んで研鑽《けんさん》したというより、冗談や武勇伝に笑い転げたり呆れたりしていた印象のほうが圧倒的に強い。毎朝の講義に遅刻せずに来るのはほぼ私だけで、必修科目や卒論を舐めすぎて留年した者もいた。実習では先生も感心するくらい見事な手抜き技を披露する者もいれば、班分けしたのに内輪もめで早々に分裂して一人ずつ独立したレ

巡検
地理学や地質学における実地調査旅行のこと。

ポートを書いていた班もあった。学生控室には大量の漫画本が置いてあり、テレビではサッカーゲームのテーマ音楽とピコピコ音ばかりが流れていた。かく申す私も、勉強の息抜きを言い訳にして漫画を読み耽った。漫画雑誌の発売日には、同期の学生が通学中に読み終えた最新号を控室で待つ私に渡してくれるシステムが確立する始末であった。もっとも、こんな学年でも、現在はそれぞれの専門分野で研究者として活躍している者が少なくない。遊びも研究も徹底していたということなのであろう。しかし、自分が大学教員になってみると、当時の先生方のご苦労を想像してぞっとする。

一方で、本郷での専門の授業や実習と毎週のゼミ、卒業研究などを通して、私は徹底的に鍛えられた。生きている化石研究会や骨ゼミでは学びたいことを学ぶ喜びを教えられたが、地質学教室では職業としての研究者になる基礎を作っていただいたと思う。一見したところ古生物学には関係のなさそうな専門科目でも、後になって「学んでいてよかったなあ」と思うものがいくつもあり、学問の世界の奥深さを実感した。大学図書館も充実していて開館時間も長かったので、思い立ったらすぐに行って調べものをすることができた。また、私が古生物学に興味を持っていることを知った先生が、漫画本だらけの学生控室にも怯むことなく分厚い専門書を置いていてくださったりした。

私が所属した進化古生物学セミナーでは、所属する教員と学生が週一回のセミナーに

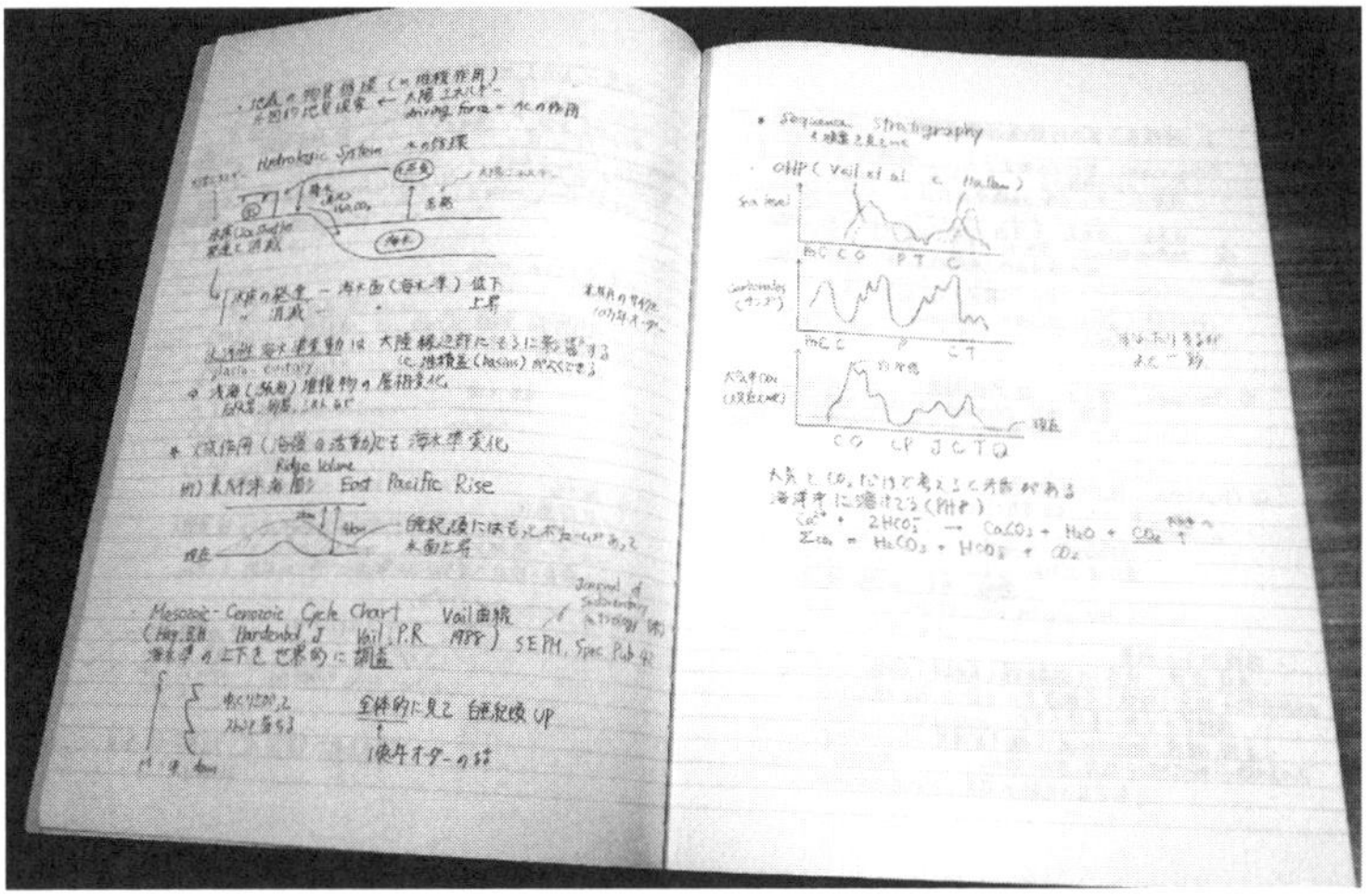

本郷で受けていた専門科目『堆積学』の授業でとったノート。教える側になっても役に立っている。

全員参加して、メンバーやゲストスピーカーが自分の研究について発表していた。このセミナーがとても厳しく、情け容赦ない指摘が教員はもちろん先輩・朋輩・後輩からも飛ばされていた。徹底的にやり込められた発表者が言葉に詰まって涙ぐんだり、発表者を差し置いてメンバー同士の議論が白熱してしまうこともあった。私は何が問題になっているのかもわからないことのほうが多くて、部屋のいちばん後ろの席でなるべく小さくなっていた。それぞれのメンバーの研究対象は貝であったりアンモナイトであったり、現生種であったり化石種であったり、理論的であったり実験的であったりとバラバラであったが、専門が異なるメンバーでも積極的に発言して非常に活発に意見交換が行われていた。自己満足では「研究」にならないこと、論文に書いてあることや偉い先生の意見でも100%正しいとは限らないこと、おかしいと思ったら年下でも初心者でも自由に反論しても構わないこと、説明も反論も感情的ではなく論理的でなければならないこと、知識を得るより考え方を理解するほうが難しいが飛躍的に世界を広げること、わからないことは自分で納得するまで調べなければ自分の言葉では説明できないこと――これらは古生物学に限った話ではない、真理の探究を目指す学術研究というものの本質であろう。議論でボコボコに叩きのめされたり、窮地《きゅうち》から華麗に反撃したり、固まった発表者に巧みな助け舟を出したりする先輩たちの姿は、今でも鮮明に思い出せる。

首長竜との出会い

恐竜はないけど、首長竜なら……

私が研究対象としての首長竜に初めて出会ったのは大学の卒業研究であった。そして、卒業研究が終わるころにはすっかり首長竜にはまってしまった。

地質学教室に進学して一年経ったころ、卒業研究のテーマを決めることになった。当時の地質学教室には古生物学の様々な分類群を研究対象にしている教員が在籍していたが、古脊椎動物の専門家はいなかった。このことは私も本郷に進学する前から知っていたが、特に深く考えもせず進学してきて、最初から「私は恐竜の研究をしたいんです！」と元気よくのたまっていた。卒業研究では指導教員の専門分野で研究テーマを選ぶことが一般的であるが、同じ古生物学でも無脊椎動物と脊椎動物では研究手法が非常に異なる。ここでは恐竜の研究はできません、と冷たくされても仕方のない状況であったと思うが、東大の先生方は「恐竜はないけど、首長竜なら」と言って、首長竜の化石を私の卒業研究に提供してくださったのである。わかりやすいキーワードとして「恐竜が好き」という表現を使ってはいたが、私は化石爬虫類であれば何でもよかった。そういうわけで、私が化石爬虫類を研究したのは自分の意思に基づく選択であったが、首長竜を学ぶことになったのは多分に偶然である。

私が卒業研究で扱うことになった首長竜標本は、東京大学総合研究博物館（当時は資料館）の所蔵標本であり、UMUT MV 19965という番号がつけられていた。ちなみに、UMUTはUniversity Museum, University of Tokyoの頭文字で、MVは中生代の脊椎動物Mesozoic Vertebrateを意味する略号である。この標本は、数年前に北海道の小平町で東大の棚部《たなべ》一成《かずしげ》先生を中心とするチームによって白亜紀の地層から発見・発掘された部分化石であった。その後、私はこの標本を卒業研究から修士論文まで4年ほどかけて研究することになる。

卒業研究の指導教官には、大路樹生《おおじたつお》先生がなってくださった。ご専門はウミユリという、花開いたユリのような不思議な形をもつ海生の動物である。ご本人も指導学生も、大型無脊椎動物と環境との相互作用を見る生態学・古生態学に関わるプロジェクトが多かったような印象がある。そこへ畑違いの首長竜の記載分類をやる学生が転がり込んできたわけである。ウミユリが専門の先生が首長竜を研究する卒論生に何を教えていたの

記載
生物の分類群を定義するために、ある生物の主要な形質を言葉や図、写真などを用いて記述すること、または記述したもののこと。

か、不思議に思われることだろう。私が教わったのは首長竜に関する知識ではなく、学術研究の進め方であった。研究に必要な情報の集め方や、ほかの研究者や研究機関とのやり取りなどである。また、当時は卒論執筆の前に卒業研究に関連する論文を読んでまとめる演習報告という課題があり、私は無謀にも英語で書くことにした。英語でまとまった文章を書く初めての経験であったので、文法も内容も突っ込みどころ満載であったが、丁寧に添削していただいた。

また、棚部先生にも大変お世話になった。棚部先生はアンモナイトやオウムガイがご専門で私と同期の別の4年生の指導教官であったが、UMUT標本の発見者の一人であり、化石が産出した地域の地質学的な研究もなさっていたためである。そして、大路先生が海外に長期出張なさっている間、私の卒論の原稿を添削してくださったのも棚部先生であった。地質学教室の卒論は全員が英語で書いていたが、何日もかけて書いた原稿を私が帰宅間際に先生にお渡しすると、翌日の朝には大量の修正とコメントが手書きで添えられ、返されたものである。

卒業研究で学んだのは単なる知識ではなく、自力で調査研究を行うために必要な技術と思考方法であり、能力と熱意を持つ指導者から時間をかけて学ぶしかないものであったと今になってつくづく思う。事実、自分で調べればわかるような知識であれば、人に教わる必要などない。単なる知識そのものは自力で得られる前提であれば、新発見や技術の発達によって情報がどんどん更新されていく世界では、必要なときに必要な情報を集めて使う技術のほうがはるかに役立つのではないだろうか。

どこの骨かわからない

さて、私は嬉々として首長竜の卒業研究に取りかかったが、すぐにあちこちで躓《つまず》いた。化石を母岩《ぼがん》から取り出す作業はクリーニングと呼ばれ、アンモナイトや二枚貝などの大型無脊椎動物の化石の研究でも普通に行われる処理である。そのため地質学教室にも設備はあったが、首長竜化石をどうやってクリーニングすればよいのか、古脊椎動物学者がいない環境ではわからなかったのである。首長竜の骨は形が複雑であったり、内部がスカスカであったりするため、母岩と化石を分離することが通常のクリーニング技術だけでは難しいことは、素人目にも明らかであった。

そこで、国立科学博物館で哺乳類の化石を研究なさっている冨田幸光《とみだゆきみつ》先生の元を訪ねて、ご助言を求めた。冨田先生はアメリカに留学経験をお持ちで海外の研究事情にもお詳しかったため、当時日本で古脊椎動物学を志していた私のような学生たちにいろいろな助言を与えてくださっていたのである。すると、酸処理と呼ばれるクリーニング技術について教えていただいた。酸処理は弱酸に対する母岩と化石骨の溶ける速度の違いを利用するもので、保護材を塗って、乾燥させて、酸につけて、すすいで、乾燥させて、また保護材を塗って……という作業を気長に延々と繰り返す。失敗すると化石骨がボロボロになってしまうリスクがあるため注意しながら進める必要があったが、幸いなことに私の標本には酸処理がよく効いた。しかし、卒業研究では標本のクリーニングは完了せず、修士課程までクリーニングを続けることになった。

クリーニング以上に困ったのは、化石を見てもどの部分の骨なのかさっぱりわからなかったことである。人間の骨学を勉強してはいたが、同じ脊椎動物でも個々の骨の形や個数は動物の種類によって異なっている。おまけに、首長竜は近縁で形が似ている動物が現存していないため、現生の爬虫類の骨格を比較に使うこともできなかった。人間の骨学の知識と首長竜の論文の丁寧な読み込みによって、首長竜の骨の名前と大まかな形はある程度わかった。しかし、文章の記述や二次元の図や写真に基づいて、三次元の骨の形を把握するのは難しい。また、実際の化石の骨は関節が外れているうえに、大抵はどこかが壊れたり歪んだりしているので、素人が見たところで元の完全な形はなかなかわからない。

そこで私は、実物の首長竜化石を見て勉強することにした。しかし、当時の日本の化石爬虫類の研究は遅れていて、化石の発見がニュースになっても学術論文として公表されているものがほとんどない状況であった。そのため、そもそもどこに行けば首長竜化石を見られるのか、という情報を見つける段階から難しかった。また、希少な標本をベースにした研究では、ほかの研究者が研究中の標本には手を触れないという不文律がある。しかし幸いなことに、当時香川大学にいらっしゃった仲谷《なかや》英夫《ひでお》先生が、北海道の穂別で発見された首長竜化石（愛称「ホベツアラキリュウ」、別称はホッピー）の記載論文を１９８９年に出版なさっていた。「記載論文」とは、その化石に含まれる骨の形状を事細かに説明し、部位や分類学的な同定の根拠を示す論文である。この論文は、私の「首長竜骨学実習」の手引書となった。また、仲谷先生のご厚意で、ホッピーの実物標本や、指導学生が研究していた北海道中川町産の標本なども見せていただいた。こうして、論文の文章や図で説明されている首長竜の骨の形が、私の頭の中でも徐々に三次元でとらえられるようになってきた。

ホベツアラキリュウ
1975年、当時の穂別町に住んでいた荒木新太郎さんが発見。フタバスズキリュウと同じプレシオサウルス上科エラスモサウルス科。全長8メートル。むかわ町立穂別博物館で全身の復元骨格が展示されている。写真参照。

穂別博物館に展示されているホベツアラキリュウの全身復元骨格。（提供：むかわ町立穂別博物館）

フタバスズキリュウとご対面

私が研究者の卵として、フタバスズキリュウの化石と最初に対面したのも、このころである。当時、新宿にあった分館の標本庫に化石が保管されており、冨田先生にお願いして椎骨《ついこつ》のレプリカと鰭を見せていただいたのである。未記載のフタバスズキリュウを勉強に使わせていただくという、今考えてもとんでもない僥倖《ぎょうこう》であったが、最初の邂逅《かいこう》は、じつはあっさりとしたものであった。そのときにデータをとったノートは今も手元にある。首長竜の骨学を学び始めたばかりでどんな特徴を見たらよいのかもわからず、とりあえず目についたものをスケッチして、闇雲に長さを測った様子がわかる。

私はこの時点で、フタバスズキリュウの記載論文が出ていないことも、発掘から関わっている長谷《はせ》川《がわ》善和《よしかず》先生が研究中であることも知っていた。つまり、他人が研究中のこの標本のデータを自分の研究に使って公表することはできない、手の届かない存在であることを十分に理解していた。そして、当時の私には自分が研究している UMUT 標本が何よりも重要な首長竜であったので、情熱はそちらに持っていかれていたのであろう。フタバスズキリュウはあくまでも他人様の化石であり、それ以上でも以下でもなかった気がする。あるいは、このころの私の興味関心が首の短いタイプの首長竜に集中していたことも影響したのかもしれない。首長竜には首の長いタイプと短いタイプがあり、卒業研究を始めてわりと早い段階で、UMUT標本は首が短いタイプであることがわかっていた。一方、フタバスズキリュウも穂別のホッピーも、首の長いタイプである。

文献が手に入らない時代

首長竜の研究を進めるうえでもう一つの障害になったのが文献の入手であり、これは日本のように古脊椎動物学の研究者が少ない国では、恒常的にあった問題なのではないかと思う。古脊椎動物学を含む分類学の研究では、19世紀に出版されたような古い論文や本、国内外の博物館のマイナーな刊行物などが必要になってくる。しかし、インターネットが普及する前の時代であったため、ＰＤＦ化された論文をダウンロードすることもできなかったし、ほかの図書館に資料の複写依頼や貸出依頼をすることも簡単ではなかった。東京大学の図書館には膨大なコレクションがあったので、ほかの大学や研究機関にいるよりははるかに楽ができたはずではあるが、それでも手に入らないものは多かった。国立国会図書館に行ったり、知り合いが個人的に持っている本を借りたり、知り合いの知り合いが大量の資料をコピーして送ってくれたり、せっかく入手してもコ

首の長いタイプと短いタイプ

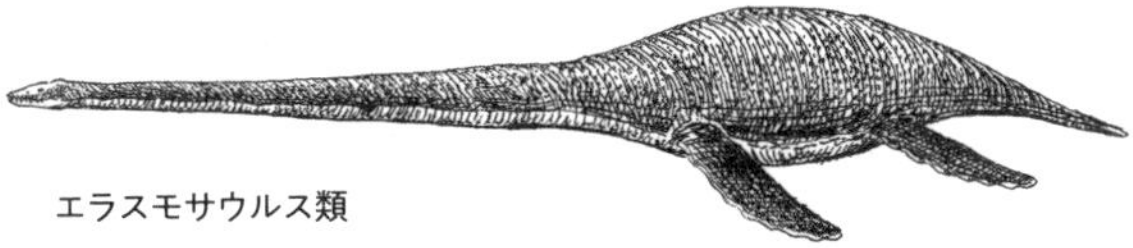
エラスモサウルス類

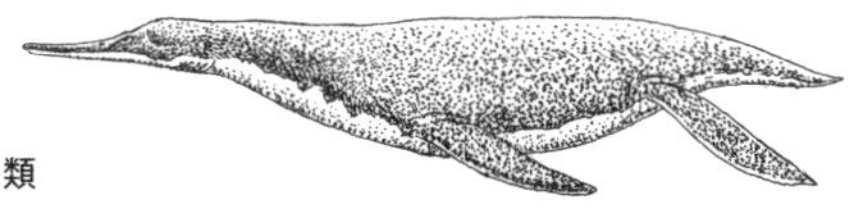
ポリコティルス類

ピーのコピーで写真がつぶれてなんだかさっぱりわからなくなったりと、いろいろあるなかで、それでもなんとか資料はどんどん増えていった。

あれこれの方法で入手した文献を私は片っ端から読んでいった。もともと読書が好きなせいか、文献の量にゲンナリすることはあっても読むこと自体はまったく苦にならなかったのは幸いであった。研究者になった今では、学術論文の書き方には一定のパターンがあることを知っており、「この情報が欲しい」という具体的な目的があって読むことが多いので拾い読みができる。また、そもそも忙しいので、長い論文を時間をかけて一気に頭から終わりまで読み通すということはなかなかできなくなってしまった。学術論文を読み始めたばかりの初心者は、文献のどこに何が書いてあるのかもわからず、そもそも何のために読んでいるのかもよくわかっていないことが多いので、そのころに比べると確かに効率はよくなった。その一方で、初心者が闇雲に論文を読み進めることで、興味を持ったトピックについて知識が増えていくことは、純粋に楽しいものである。「こんな研究もあるんだ」「この人は多作ねえ」「この論文、長すぎでしょ」「何だかよくわからないけどすごそう」など、いろいろなことを考えながら先行研究の文献をひたすら読む。そしてときどき自分の知識を自慢したくなるが、ときどき勘違いを指摘されて呆然とするのは、様々な研究分野で見られる学生の行動パターンの一つであろう。こうすることで、自分の行っている研究を関連する学問全体の流れのなかでとらえられるようになり、学術的な意義が理解できるようになって、さらに研究を進めるためには何が必要なのかが見えてくるのではないだろうか。

　ところで、私はフタバスズキリュウの記載論文の共著者である長谷川善和先生と真鍋《まなべ》真《まこと》先生、そして化石発見者の鈴《すず》木《き》直《ただし》さんにも、このころに別々の機会でお会いしている。当時の長谷川先生は横浜国立大学にいらっしゃって、私は化石のレプリカ作成方法を学ぶために研究室にお邪魔し、セミナーにも参加させていただいたのである。当然、子供のころからお名前は存じ上げていて、ずいぶん緊張していたせいか、残念ながら会話の内容はまったく思い出せない。真鍋先生には、先生がイギリスのブリストル大学で学位をお取りになって帰国し、科博に勤務し始めたばかりのころにお会いしている。科博の新宿分館の研究室に引っ越していらっしゃったばかりの時期だったようで、部屋に段ボール箱がたくさんあったことを覚えている。そして、鈴木さんにはいわき市の石炭・化石館でお会いしたが、そのとき鈴木さんは、ヨーロッパ産の首長竜化石を机の上に並べてクリーニングをなさっていて、その標本についてお話しした。私自身は首長竜を研究し始めてはいたものの、まさか10年後にフタバスズキリュウの研究でお世話になる日が来るとは、まったく予見していなかった。

いわき市石炭・化石館
福島県いわき市にあった常磐炭田の資料を集めた「石炭資料館」と、市内北部で発掘されたフタバスズキリュウやアンモナイトなどを展示する「化石展示館」からなる博物館。１９８４年開館。

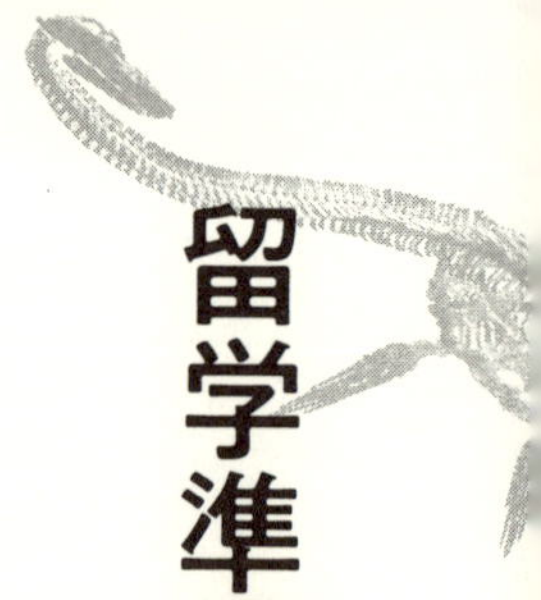

留学準備

留学先を決める

今でこそ化石爬虫類が専門の大学教員は日本国内に何人もいるが、私が大学生であった90年代にはほとんどいなかったため、本格的に勉強したければ留学するのがいちばん手っ取り早い方法であった。私がこのことに気づいたのは大学に入ってすぐのことであった。生きている化石研究会や骨ゼミでも、留学の話題はすぐに耳に入ってきた。それに、福井で会った小林さんは学部からアメリカに行っていたし、地質学教室の先輩である藻谷さんや江木さんは大学院留学の準備をしていた。そこで、私も大学院から留学しようという考えに至ったのは、とても自然な流れであった。

インターネットのない当時に大学院留学の情報を集めるのは大変であったが、幸いなことに私には同じ大学・同じ専攻出身の先輩と、その二人が留学するまでを見守った骨ゼミや地質学教室の先生や仲間たちという、非常に強い味方がついていた。また、当時は大量の日本人がアメリカに留学していたため、留学の案内をする出版物やイベントがよくあった。こうしたことから、留学にはTOEFLなどの英語の試験を受けておく必要があること、奨学金をとらないと海外での勉強は大変であることなどを早い段階で知ることができ、余裕をもって準備を始めることができた。

大学院留学でいちばん重要な点は、留学先の選択であろう。大学の学部を受験する際には学科や偏差値に基づいて選ぶが、大学院では指導教員をかなり真剣に選ぶ必要がある。これは、大学院レベルで指導できる研究内容は教員によって異なるうえに、人間である以上は相性があるためである。また、その指導教員候補者に「この学生を取りたい」と思ってもらうことがとても重要である。関心を引きつける要因は教員によって様々であろうが、間違いなく必要なものが研究に対する熱意と自主性である。カリキュラムで定められた授業を受けて単位をそろえれば卒業できる学部生とは異なり、院生はそれぞれが独自の修士論文や博士論文を書いて審査に合格しなければ学位を取れないし、論文を書くためには自分で研究計画を立てて実行しなければならない。指導する教員にしてみれば、熱意と自主性のない学生が学位を取れるとは考えにくいから、ある意味当たり前の話である。

日本以外の多くの国で新学期は9月ごろに始まる。日本の大学の学部を卒業してから海外の大学院に留学するには、4年生の冬に英語の試験や大学の成績や志望動機を書いたエッセイなどを添えて郵送で出願し、春先くらいに合格通知を受け取って、ビザの手配などをしているうちに夏を迎え、いよいよ留学、というのが標準的なスケジュールであった。そのため、4年生の夏に入試がある国内の大学院受験に比べると時間的ゆとりがあるものの、出願までには海の向こうにいる指導教員を選ぶ必要があった。

現在では大学のホームページなどで教員や研究室に所属する学生の研究内容を簡単に知ることができるが、当時は最近の論文と知り合いの口コミくらいしか調べる方法はなかった。それにしても、日本から入手できる情報には限りがある。そこで、私は藻谷さんや江木さんに倣《なら》い、指導教員になってもらいたい人に事前に手紙を送り、4年生の秋にアメリカで開催される大きな古脊椎動物学の学会で直接お会いして大学院留学についてご相談させてください、とお願いすることにした。この学会はSVP（Society of Vertebrate Paleontology）というアメリカにベースを置く大きな学会で、毎年秋に開催される年会には世界中の古脊椎動物学者が集まる。しかし、具体的に指導教員になってくれそうな人を探す段になってみると、なかなか見つからなくて困った。私は首長竜の専門家を指導教員に持ちたいと考えていたのであるが、首長竜の専門家で大学院生を受け入れてくれそうな研究者は、当時はほとんどいなかったのである。

そこで大路先生が助け舟を出してくださった。大路先生が以前、在外研究で滞在したアメリカ・オハイオ州のシンシナティ大学に、サンゴ礁などの古生態学を専門にされているデイビッド・マイヤー先生がいらっしゃった。大路先生はマイヤー先生に、首長竜の勉強をしたがっている学生の進学先の相談をしてくださったのである。すると思いがけない展開があった。当時のシンシナティ大学には古脊椎動物学の教員はいなかったが、首長竜を含む鰭竜類《きりゅうるい》というグループを研究しているグレン・ストアーズ先生が次の年からシンシナティの市立博物館の研究員として着任して同大学で大学院生を指導することができる、ということを教えてくださったのである。ちなみに、これは後になって知ったことであるが、真鍋先生がブリストル大学で博士課程の学生であったときに、ストアーズ先生は同じ研究室の博士研究員で親交がおありだったそうである。人のつながりというのは本当に不思議なものである。

鰭竜類
中生代三畳紀後期から白亜紀にわたって栄えた水生爬虫類のグループ。

絶対に留学するんだもん

こうして順調に留学の準備を進めていたときに、まったく予想しなかった伏兵が現れた。家族の反対である。反対の理由は、留学して学位を取ることは簡単ではないということと、学位が取れたとしても日本での就職は難しいのではないか、ということであったように思う。訪問研究者としてフランスで何年か過ごしたことのある両親は、外国で暮らす大変さを体験として知っていた（生まれたばかりの赤ん坊だった私も一緒に暮らしていたが、残念ながらまったく記憶にない）。また、父は大学教員として長く勤めていたので、大学生や研究者の留学が失敗するケースを知っており、日本に土壌がない分野の研究で学位を取っても帰国後に就職先がないだろう、という極めて現実的な心配をしていたようである。日本で勉強・研究するうえではもっとも恵まれた機関の一つである東大に在籍していて、指導教員や友人にも恵まれて過ごしているというのに、リスクの大きい選択肢を取る必要があるのか、という懸念はまったくもって正論であった。それに、ルイジアナ州で起きた日本人留学生射殺事件が日本を震撼《しんかん》させてから何年も経っていない時期であったので、家族にしてみれば治安面の不安も大きかったに違いない。

それまで自分の進路について家族から反対されたことのなかった私は、びっくりしてから泣き喚いて怒った。いたずらをして叱られたりすることはあっても反抗期もほとんどなく育ってきた私が、親と意見が真っ向から対立したのはそのときが初めてであったと思う。両親も姉も驚いたのではないだろうか。しかし、私は頑として留学するという主張を譲らなかった。将来や治安についての懸念に対してまともな反論ができた記憶が

日本人留学生射殺事件
1992年10月、米ルイジアナ州に留学していた当時16歳の男の子が、ハロウィンパーティの会場と間違って入った住宅の敷地内で、住人の男に拳銃で射殺された。日本ではセンセーショナルな事件として大きく報じられた。

ないので、「ヤダヤダ、絶対に留学するんだもん」という、極めて感情的なリアクションで押し切ったのであろう。かくして家族会議の議論は平行線で終わったが、その後で留学に反対された記憶がないので、家族は早々に説得を諦めたのではないかと思う。ちなみに私の母は大学進学のために故郷から単身で上京して親を寝込ませたそうなので、血は争えないと思っていたのかもしれない。

両親が賛成しないという不測の事態を前にしたものの、楽観的な私は構わずに留学に向けた準備を進めることにした。SVPに行く準備を始めたころ、私は保護者の同意を得ずとも自力でパスポートを取れることに衝撃を受けた。古生物の勉強以外は基本的に何でも親がかりだったので、自分の意思だけで外国に行くことができる年齢であることに気づいて、びっくりしたのである。もっとも、実際にパスポートを作りに行くときは母が同行してくれたし、SVPに行くときには空港まで母と姉が見送りに来てくれた。「私、もう自分で何でもできる！」と、自立した気になって鼻息を荒くしていたわりには、行動はあまり自立していなかった。

さて、その年のSVPは10月にアメリカのシアトルで開催され、初参加の私には何もかもが目新しくて緊張したが楽しかった。同年代の学生からベテランまでの様々な人が、古脊椎動物学という共通の目的のために集まっていて、その印象は強烈であった。

先輩の日本人留学生や日本人研究者に助けられながら、英語のコミュニケーション力が足りない私は辞書とペンと紙を携《たずさ》えて、ワクワクしながら人の海を泳ぎまわった。難しすぎてほとんどわからないながらも口頭発表やポスター発表をたくさん見て、レセプションなどの社交イベントではいろいろな人と話すことができて、それはもう興奮したものである。そして、後に私の修士論文の指導教員になるストアーズ先生と大学院受験について相談することができた。また、SVPの直後に同じシアトルで開催された別の学会に参加していたシンシナティ大学のマイヤー先生にも、ストアーズ先生や大路先生から紹介されてお会いすることができた。マイヤー先生は英語の拙い私にもわかるようにシンシナティの街や大学について説明してくださり、とても安心したものである。また、ストアーズ先生は私が修士論文の研究計画を考える参考になる文献を、帰国後に日本まで送ってくださったりした。

こうして、SVPから帰国するころにはシンシナティ大学の修士課程に出願する心積もりができており、その冬に出願して春先に合格通知を受け取った。なお、シンシナティ大学以外の大学でもSVPで進学相談に乗っていただいた先生が複数いらっしゃったが、専門が離れていて研究の話が盛り上がらなかったり、出願を考えたが大学から送られてくるはずの書類が遅れたり、私のTOEFLスコアでは厳しかったりといった具合で、このときにはご縁がなかった。しかし、何人かは私のことを覚えてくださっていて、シンシナティに進学した後も学会等でお会いすると「研究は進んでいるかい？」「頑張れ！」と親しく声をかけてくださったことが何度もあった。このときに得た出会いが、研究者の卵としての私のキャリア形成にどれだけ大きな影響を与えたかわからない。

シンシナティでの暮らし

早々のホームシック

1995年夏、私は留学生としてアメリカに渡った。最初の1か月はウエストバージニア州の語学学校で勉強し、8月下旬にオハイオ州シンシナティに移って大学院修士課程が始まり、念願の古脊椎動物学を専攻する大学院生としての生活が始まった。それから3年近くアメリカに住んで夏休みやクリスマス休暇に日本に帰国する生活を送ったわけであるが、それまで日本の教育システムでは大した問題もなく、両親の庇護の元でのんびりと過ごしていた私には予想もしなかった問題にぶつかって、わりと苦労した。もっとも、そこで鍛えられたから現在の自分がいるわけであり、楽しいこともたくさんあったので、今となっては懐かしい思い出である。

私が最初に直面した問題は猛烈なホームシックで、これは成田空港を出発する時点ですでに始まっていた。それまでは「アメリカに行く！」と気分が高揚しきっていた私であったが、機内で友達や家族に宛てて手紙を書き始める始末であった。このホームシックは語学学校での生活が始まっても悪化する一方であった。ほかの学生が映画館や買い物に行くときにはよく声をかけてくれたものであるが、私のホームシックは強すぎて、授業と食事以外は自室に籠《こも》って勉強して、暇があれば日本を恋しがってメソメソするという、自分で思い出しても鬱陶《うっとう》しくなるような生活を送っていた。両親が頻繁に実家に電話をかけるように言ってくれたため、家族会員のクレジットカードを使ってかけ続けたところ、1か月後にかなりの請求額が届いて仰天したらしい。

そして、食事が喉をこさなくなってしまった。私が学んでいた語学学校では自炊ができず、寮食堂で三食を食べることになっていた。そこで朝食のシリアルだけは食べられたが、昼食も夕食もほとんど食べられない日が続いた。しかし、なぜか大学のある丘の麓で売っていたサンドイッチなら食べられたので、栄養状態に危機感を覚えた私はときどき寮を抜け出して一人で食べに行った。カウンターでパンの種類や挟む野菜やソースなどを注文して作ってもらうタイプの店で、私の発音が悪いせいか、全粒粉でできたパン「ウィート wheat」を注文しても、普通の白パン「ホワイト」ばかり出てきてまた悲しくなったが、それでもサンドイッチは美味しかった。こうして、シンシナティに移るまでの約1か月で私はげっそり痩せてしまい、この状況が続くと首長竜の勉強を始め

パウェル一家と。イースターで、エッグ・カラーリングをしているところ。

る前に倒れるのではないかと心配していた。

幸いなことに、シンシナティに移ると私のホームシックはかなり改善し、食事も普通に食べられるようになった。自分のアパートが決まるまで1週間くらいマイヤー先生のご自宅で面倒を見ていただいたので、安心して精神的に落ち着いたのであろう。

そして大学院の新学期が開講すると、オリエンテーションや授業で新しい友達ができ、所属する地質学教室の大学院生仲間に加え、大学の日本人会のメンバーとも仲良くなった。また、ロータリークラブから奨学金を頂戴していた私は、現地のクラブの役員（後に会長）のパウェル氏夫妻にも頻繁に食事やイベントに誘っていただいた。こうして、私は元気を取り戻して学生生活を送

シンシナティの日本人会のお別れ会にて。

るようになった。

不覚にも留年

シンシナティは五大湖の一つであるエリー湖の南岸に広がるオハイオ州の南端にあり、市の南側を流れるオハイオ川の対岸はケンタッキー州である。人口200万人くらいのかなり大きな経済圏で、野球のシンシナティ・レッズや、P&G社の本拠地としてご存知の方もいらっしゃるのではないだろうか。川沿いの平地にダウンタウンがあり、大学はその北の丘の上にある。ストアーズ先生のいる自然史博物館は今ではダウンタウンの西側にあるユニオン・ターミナルという鉄道駅の建物に入っているが、当時はダウンタウンの東側のはずれにあった。街の治安は、当時の同規模のアメリカの都市としては普通であったと思うが、見るからに危ない感じのエリアもあった。大学近辺に住んで車を持っていなかった私は、ダウンタウンでバスを乗り継いで片道30分くらいかけて博物館に行く必要があったのであるが、移動時には怖くていつも緊張していた。地元の人から聞いた「このエリアには一人で行くな」「この区間ではバスを降りるな」などの助言を忠実に守っていたためか、幸いなことに滞在中に危険な目に遭うことはなかった。こういう点は気が小さいに越したことはないと今でも思っている。

私は課程修了に必要な授業に加えて留学生や学部生向けの授業も受講したこともあって、しばらくは首長竜の勉強をする時間はほとんどなかった。英語の聞き取りも会話もまだまだ拙かったうえに、日本の大学院では考えられない量と頻度で宿題が出されるので大変であったが、とても充実していた。しかし、ストアーズ先生が博物館に着任して落ち着くと、サシで古脊椎動物学の講義を受け、日本から持って行ったＵＭＵＴ標本のクリーニングを進めるなどして修論研究も動き始めた。このころのストアーズ先生は新任職員としてとてもご多忙であるなか、北米内陸部の白亜紀の地層から見つかる首長竜化石の調査もなさっていた。そこで私は泊りがけの野外調査チームに加わってアメリカ中西部での化石発掘に行ったり、修論で記載していたＵＭＵＴ標本との比較のため

カンザス州での野外調査の様子。化石を含むブロックを保護するために石膏で固めている。

この野外調査では、人生で初めてテント泊も経験した。

にほかの博物館を回る際に助言をいただいたり、ときにはホームパーティにお呼びいただいて奥様の手料理をご馳走になったりしたものである。

こうして順調な院生生活を送って……いるつもりでいたのであるが、2年目の4月に突然事態が暗転した。留年が決まったのである。原因は、煎じ詰めればストアーズ先生と私のコミュニケーション不足である。アメリカの大学院では、修士論文や博士論文を提出して審査を受ける時期は学生と指導教員が話し合って決めるものであり、学生によって異なる。日本のように年中行事として締切りや発表会のスケジュールが決まっているわけではない。研究は卒業に合わせて仕上げるのではなく、研究が終わったら卒業するという考え方である。それを知らずにいた私は、2年で修士課程を終えて6月には卒業するつもりでいて、4月初めに自分なりに考えて書いた原稿を持って修論の審査委員の一人であるシンシナティ大学の先生の部屋に行き、そこで初めて6月の卒業には間に合わないことを知らされたのである。ストアーズ先生が博物館にも大学の連携教員としても着任したばかりで手が回っていなかったこと、最初の学生である私がアメリカのシステムに詳しくない留学生であったこと、大学と博物館が離れていたので具体的な用がなければ会うことがなかったこと。このトリプルパンチが、見事に効いてしまった。また大学では、同じ専攻のほかの先生の元で学ぶ同期生や先輩はいても指導教員が違っていたこともあって、研究の進捗状況などを親しく相談し合う仲間もいなかったのである。

「シンシナティで修士号を取れますよ」

留年が決まったときには、中学受験や高校受験で滑ったときなどとは比較にならないくらい辛かった。苦手な科目で落第しても笑って済ませることができるが、夢中になって取り組んだ首長竜の研究をしていて留年したのである。おそらく生まれて初めて本当の挫折感を味わったのだと思う。古生物学者を目指すことに自信がなくなったし、奨学金が切れるので経済的な心配もあった。また、留学前から実家で飼っていたペットが死んでしまうなど、研究以外でも辛いことが続いた。あまりにも辛かったために脳が自主規制するのか、このころのことはその前後と比べてあまり思い出せない。

本人も留年が決まってびっくりしたくらいなので、日本の両親はさらに驚いてさぞ気を揉んだことであろう。私の父は妙に恥ずかしがり屋で、娘たちからの電話に出てもすぐに母親に受話器を渡してしまうような人であったが、このときはめずらしく自主的に電話口に出てきて私を励ましてくれた。当初、両親は私が帰国して東大の大学院でやり直すべきだと思っていたようで、私が頼みもしないのに卒論の指導教員であった大路先生に相談するというフライングをやってのけたらしい。しかし、ありがたいことに大路先生は、「たまきさんはシンシナティで修士号を取れますよ」とおっしゃってくださったそうである。また、私も落ち込んではいたものの、修論の首長竜研究を途中で切り上げる気はなかった。そこで留学を始めたときと同様に、両親は見守ることに決めたようである。そして、私は打ち出の小槌よろしく家族会員のクレジットカードを振り下ろして、3年目の授業料を払ってもらった。

その後、私はなんとか持ち直した。以前ほど楽天的ではないにしても、結局のところ自分の将来はやはり古生物学者しか考えられなかったのである。こういう状況に陥っても不安で壊れるほど繊細でもなく、理性ではなく感情で選べるほど古生物学が好きで、助かった。それにしても、アメリカでの日常生活でも日本に一時帰国したときでも、ことあるごとに泣いて怒って愚痴ってばかりだった当時の私の話し相手になってくれた人たちには、本当に感謝の言葉しかない。

首長竜の標本は突然に

留年しても相変わらず古生物学のキャリアを目指すために考えなければならないことは主に二つあった。一つは修士論文を片づけることであり、もう一つは博士課程の進学先を決めることである。修士論文については、UMUT標本の分類学的な記載は4月の時点でほぼできているつもりでいたものの、ストアーズ先生にはこれでは物足りないと言われた。そこで、環太平洋地域の首長竜の化石産出記録を文献に基づいてコンパイルしてつけることにした。もともと日本国内やアジアのデータは集めていたが、未記載標本や不十分な記載が多いなど情報が限られていたので、もっと広い地域の情報が欲しいと思ったためである。幸いなことに、シンシナティ大学の図書館ではネットワークでつながっているアメリカ中の多数の図書館から文献を無料で取り寄せるサービスを学生に提供していたため、私は読みたい論文を片っ端から取り寄せていった。データをコンパイルするだけでは研究にならないが、表にまとめたり図にプロットしたりしていくうちに首長竜の化石記録の時空分布が浮かびあがってくるので、日本産の首長竜を研究する意義のようなものがおぼろげに見え始めた。また、このときはUMUT標本のような首の短い首長竜だけではなく、フタバスズキリュウのように首の長いタイプのデータもまとめて調べていたため、後になって私が取り組んだフタバスズキリュウを含む様々な首長竜研究でずいぶん役立った。

博士課程については、当初はそのままシンシナティ大学で進学するつもりでいたのであるが、留年が決まってから心境に変化があり、外に出ることにした。留年が決まってもストアーズ先生との関係はそれほど悪くはなかったが、なんとなく気まずかったし、古脊椎動物学の研究者が師弟の二人しかいない状況に居続けたら、世界が狭くなる気がしていたからである。しかし、留年のショックで参っていたせいか、博士課程の進学先や研究テーマを具体的に考えることがなかなかできなかった。私は首長竜の記載や分類学的な研究を続けたいと思っていたので標本が必要であったが、その辺に転がっているわけでもない。ストアーズ先生に相談すると、博士課程で首長竜の研究を希望している学生を受け入れてくれそうな何人かの研究者を挙げてくださり、そのなかの一人にカナダの王立ティレル古生物学博物館のエリザベス・ニコルス先生がいた。

ニコルス先生は、私が大学4年生のときに参加したSVPでのシンポジウムがベースとなった海生爬虫類の論文集の共同編集者で、私はそのSVPの最終日にお会いして名刺を頂戴していたので、さっそく連絡を取ってみた。修士課程を終わらそうとしている学生とは思えないくらい研究の話に具体性がないボンヤリした内容だったはずであ

王立ティレル古生物学博物館
カナダのアルバータ州ドラムヘラーのミッドランド州立公園内にある博物館。恐竜とバージェス動物群（バージェス頁岩で発見された、カンブリア爆発後に発生した多様な生物群）の化石の展示で世界的に有名。

るが、非常に好意的な返信をいただいた。それは、カナダで産出した首長竜化石の研究を依頼されているがほかの研究で忙しくて手が回らないので、興味があるならティレル博物館の近くにあるカルガリー大学にいらっしゃい、というものであったのである。予想もしていなかったところから首長竜の標本が降ってきて、ほの暗くなっていた私の世界に突然明るい光が差し込んできた。まったく人生には何が起こるかわからない。

カルガリー大学大学院から合格通知が届くころに私は無事に修士論文を提出し、修士課程を修了した。カルガリー大学の博士課程が始まるのは9月であったため、私は一度日本に帰国することにした。1998年の3月のことであった。

インターミッション

一流誌で論文デビュー

修士号を取得して博士課程の行き先も決まってはいたものの、留年で鼻っ柱を折られた私は、それなりにしょんぼりして帰国した。しかし、しょんぼりしても研究から離れる気はまったくなかったので、4月からカナダへ出発する夏までの期間、私は東大で無給の研究員として居場所をいただき、地質学教室に実家から通った。このときの地質学教室には、現在は東京大学で教鞭を執る對比地《ついひじ》孝亘《たかのぶ》さんがいた。對比地さんは前年のＳＶＰにも参加していて、アメリカのイェール大学大学院に留学する直前であった。藻谷さん、江木さん、私と続いてきた東大地質学教室産の古脊椎動物屋の四代目である。姉さん風を吹かせることができる弟分が現れて、私は非常に嬉しかった。また、科博で真鍋先生が不定期に開催なさっていたインフォーマルなセミナーや、犬塚先生の毎月の骨ゼミなどにも参加して、旧交を温めたり新しい人に出会ったりした。

このときの滞在期間中に私が取り組んだのは、私の出版デビューとなる論文の執筆であった。私が修士論文で記載したＵＭＵＴ標本の腹部には、アンモナイトの顎器（イカのくちばしのようなもの）がたくさん保存されていた。アンモナイトの専門家である棚部先生はその重要性に私が留学する前から気がついていらっしゃったため、私が修士課程に在学しているときから共著論文の執筆をお声かけくださっていたのである。私の修士論文でＵＭＵＴ標本はポリコティルス類という首の短い首長竜のグループに属することが明らかになっていたが、このグループがアンモナイトを食べていたことを示す証拠が見つかったのは初めてであった。棚部先生によるアンモナイトの顎器の記載に私の首長竜情報を加えた原稿は、修正を経てイギリスの『ネイチャー』という有名な雑誌に受理されて、その年の8月に出版された。子供が大人に肩車してもらっていたような状況であったが、一流誌デビューという高みに届かせてくださった棚部先生には、まったくもって感謝してもしきれない。掲載誌のなかでその論文だけ抜粋して紙に印刷したものを「別刷り」と呼ぶが、当時は研究者が別刷りを名刺代わりに配る習慣があった。大変な名刺を配ることになって、思いっきり自慢したくなったり急に恥ずかしくなったりしたものである。

ポリコティルス類
首が短い首長竜。主に北米の白亜紀後期の海の地層から見つかる。日本国内では、北海道で発見された首長竜化石でポリコティルス類と判明したものが3例ある。

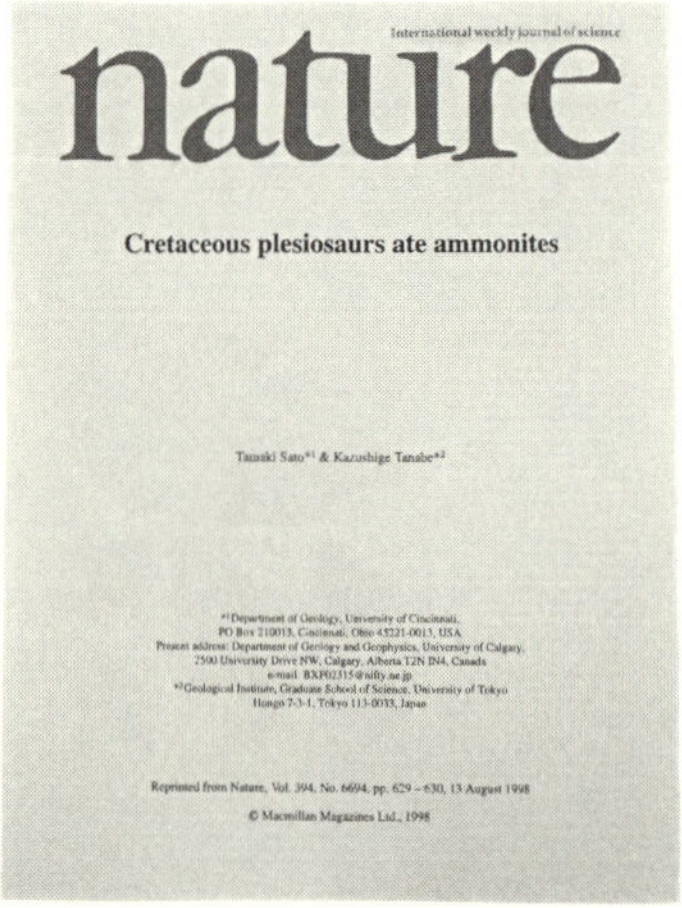

International weekly journal of science

nature

Cretaceous plesiosaurs ate ammonites

Tamaki Sato[*1] & Kazushige Tanabe[*2]

[*1]Department of Geology, University of Cincinnati,
PO Box 210013, Cincinnati, Ohio 45221-0013, USA
Present address: Department of Geology and Geophysics, University of Calgary,
2500 University Drive NW, Calgary, Alberta T2N 1N4, Canada
e-mail: BXF02315@nifty.ne.jp
[*2]Geological Institute, Graduate School of Science, University of Tokyo
Hongo 7-3-1, Tokyo 113-0033, Japan

Reprinted from Nature, Vol. 394, No. 6694, pp. 629 – 630, 13 August 1998

© Macmillan Magazines Ltd., 1998

論文デビューを飾った『ネイチャー』の別刷り。論文のタイトルは「Cretaceous plesiosaurs ate ammonites（白亜紀のプレシオサウルスはアンモナイトを食べた）」。

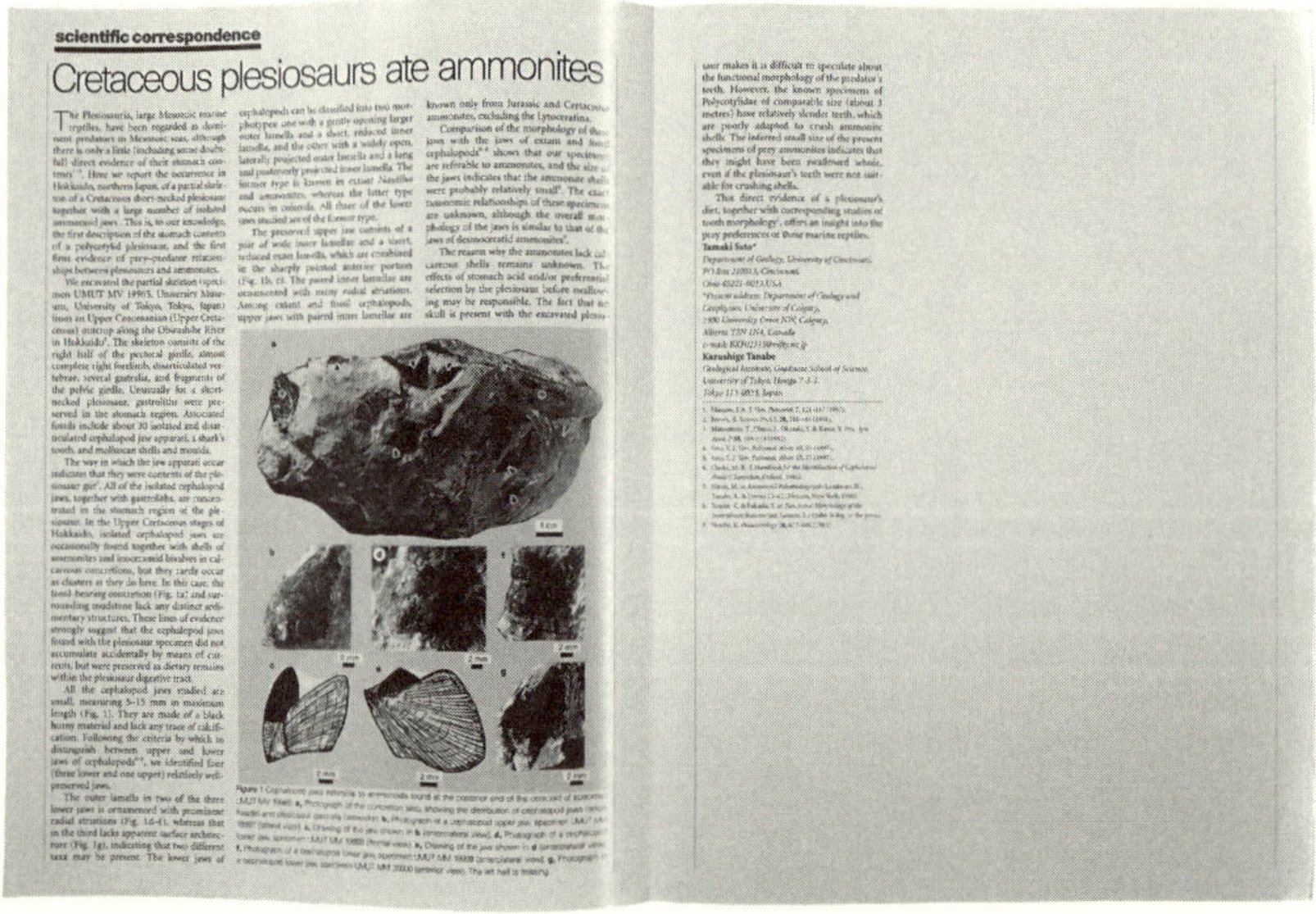

scientific correspondence

Cretaceous plesiosaurs ate ammonites

高嶺の花

ところで、この日本滞在中、私はフタバスズキリュウの頭骨の実物標本を見る機会に恵まれた。首長竜の研究者としての意識を持ってフタバスズキリュウの頭骨を見たのは、このときが初めてであった。

このころ、群馬県立自然史博物館が開館したが、その初代館長は長谷川先生であった。骨ゼミのメンバーであった同館の高桑祐司《たかくわゆうじ》さんのお誘いを受け、6月に私を含む4名で開館直後の博物館に伺った際に館長室にご挨拶に行くと、長谷川先生は研究中のフタバスズキリュウの頭骨を私たちに見せてくださったのである。勉強のためにスケッチをさせていただいたが、時間切れになってスケッチは途中で終わってしまったし、後に新属新種として記載するに至る形質を認識するほどの知識はなかった。しかし多分このときに初めて、フタバスズキリュウは私にとって「個人（個竜？）として知っている標本」になったのではないかと思う。UMUT標本を記載した経験のなせる業であると思うが、ある標本を文字や画像を通して知るのと、手に取って観察するのとでは、私の認識の仕方がまったく違うようになっていたのである。有名人をテレビで見るのと、実際にお付き合いして見るのとの違いのようなものであろうか（そんな経験はないが）。学部時代

群馬県立自然史博物館
群馬県富岡市上黒岩に位置する自然史博物館。1978年、旧群馬県立博物館を改修し、前身となる群馬県立自然科学資料館が開館。同館は96年に廃止されたが、その資料を引き継ぐ形で自然史博物館が同年10月1日に開館した。初代館長を務めたのは、現名誉館長の長谷川善和。自然史をテーマに、生命の歴史や群馬県の自然を紹介している。

にも科博で椎骨と鰭を見せていただいたことがあったが、そのときともまったく違う感覚であった。

もっとも、この時点でも私はフタバスズキリュウの研究には関わっていなかった。そのため、言ってみれば高嶺の花で手が届かない標本でもあった。このときのスケッチは、学部のときの椎骨などのスケッチと一緒に、日本産の首長竜の情報を集めたファイルに丁寧にしまい込まれた。

カナダで首長竜三昧

言葉の壁は、なんとかなる

私は1998年7月にカナダへ渡った。アルバータ州カルガリーは1988年に冬季オリンピックが開催された都市で、カナディアン・ロッキーの麓から東に広大なプレーリーが始まるところにある。私が住んでいたカルガリー大学の学生寮は元々オリンピックの選手村だったそうで、通路の壁には大きな五輪マークがペイントされていた。カルガリーの北東にあるドラムヘラーという町に王立ティレル古生物学博物館があり、ここはアルバータ州から大量に見つかる白亜紀の恐竜を中心とする展示や研究で世界的に有名なところで、日本を含む様々な国から研究者や観光客が訪れる。カルガリーとドラムヘラーは車で片道2時間近くかかる距離にあるが、私は大学と博物館を行ったり来たりして博士課程を過ごした。ちなみに、ニコルス先生はカルガリーにお住まいで、毎朝5時前に起きてドラムヘラーに車で通勤するという、とんでもなくパワフルな女性であった。

カナディアン・ロッキー
ロッキー山脈のカナダ側エリアのこと。カナディアン・ロッキー山中にある三畳紀の地層からは数多くの大型魚竜の化石が見つかっている。

プレーリー
北アメリカ大陸中央部、ロッキー山脈の東側に広がる草原地帯。プレーリードッグが多く生息することでも知られている。

カナダではまったくホームシックにならずに済んだ。さすがに異国での生活に慣れて耐性がついたのであろう。また、到着してすぐに、ニコルス先生と一緒に泊りがけの化石発掘に行ったのもよかったのかもしれない。ところで、このときに発掘されていたのは、ショニサウルスという全長が20メートルを超える三畳紀の巨大な魚竜であった。その頭骨のレプリカは現在、科博の地球館の地下2階で見ることができる。これはニコルス先生と真鍋先生の共同プロジェクトによるもので、発掘している最中はあまりに大きいのでしばらくは何を見ているのかわからなかったが、やがて巨大な頭の一部であることが理解できたときには目を疑ったものである。

科博地球館地下2階で、足元に展示されているショニサウルス。原標本は王立ティレル古生物学博物館にある。

ショニサウルス
(*Shonisaurus*)
三畳紀後期に生息していた水生爬虫類で、魚竜の一種。

魚竜
恐竜とほぼ同時代に生息した、イルカに似た水生爬虫類の総称。鰭状の四肢は首長竜と同じだが、首が短くて、ジュラ紀以降の種では広がった尾鰭を持つ。首長竜より泳ぎは速かったと考えられる。

左がラッセル・ホール先生、私を挟んで右がエリザベス・ニコルス先生。

大学院では地質学・地球物理学教室に所属し、ラッセル・ホール先生がニコルス先生と一緒に指導教員になってくださった。海生爬虫類の研究についてはニコルス先生が、そのほかの大学院生としての諸々をホール先生が分担して指導してくださったのである。ホール先生はオーストラリア人で、当時はアンモナイトの生層序（化石を使って地層の年代を調べる学問）を研究なさっていた。私が博士論文で扱った首長竜化石も生層序の手法で年代を決定する必要があったので、いろいろとご助言くださった。物静かな紳士で、私が何かやらかしても決して驚かず、じつにきっちりとサポートしてくださる先生であった。オーストラリア英語に慣れていなかった私は、英語圏に住んでいたとは言い難いくらいホール先生の言葉が聞き取れなくて苦労したが、ゆっくり繰り返し話してもらいながら徐々に慣れていった。

ちなみにカナダには移民がとても多い。私の周囲では、生まれも育ちもカナダという人は少数派で、英語が共通言語と言っても、各自がてんでバラバラな母国語の影響を受けた英語を話していた。それでも会話が成り立つのだから、人間のコミュニケーション能力は素晴らしい。私はＴＡ（ティーチング・アシスタント、教員の助手や代理として授業や実習を担当して給料を貰う制度）として、30人近い学部生を相手に3時間の実習を週に二回指導しなければならなかったので、話したくなくても話さないわけにはいかなかった。また、様々な教員がいろいろなアクセントで各自の専門分野について講義するハードな必修の授業があったが、数人いたクラスメートの出身国が全員違っていたために、ヤマ勘とボディランゲージがずいぶん鍛えられた。この国籍不明のスパルタな環境のおかげで、私も日本語なまりの英語で遠慮なく喋り散らかすようになった。もちろんシンシナティでも日常的に英語を話す環境ではあったが、カルガリーでは心理的なものも含めて言葉の壁を感じなかったのであろう。

王立ティレル古生物学博物館で。1999年頃撮影。

大学と博物館で研究に没頭

博士課程のプロジェクトとして私が取り組んだのは、ベアポー層と呼ばれる白亜紀の地層から発見された首長竜化石の記載と、エラスモサウルス類の系統解析である。ベアポー層の首長竜には首の長いエラスモサウルス類と首の短いポリコティルス類が含まれており、頭蓋骨を含むほぼ全身の骨格が保存されている標本が二点、アルバータ州の東隣のサスカチュワン州から見つかっていた。これらは後に新属新種のエラスモサウルス類であるターミノナテーター・ポンティエクセンシスと、新種のポリコティルス類であるドリコリンコプス・ハーシェレンシスとして記載することになり、首長竜の記載屋としては本当に贅沢なプロジェクトであった。なお、このときにエラスモサウルス類のデータを徹底的に集めていたことが、同じエラスモサウルス類であるフタバスズキリュウの研究を進めるうえで非常に役立った。この二つの標本は王立サスカチュワン博物館の所蔵標本であるが、私の研究期間中はお借りしてティレル博物館で保管していただくことができた。貴重であると同時に場所をとる大型標本を扱うための設備や管理体制を考えると、大学に借りることは無理であったためである。

前述の通りカルガリーとドラムヘラーはかなり離れており、公共交通がほとんどない

首の長いエラスモサウルス類と首の短いポリコティルス類
39ページ参照。

王立サスカチュワン博物館
カナダのサスカチュワン州レジャイナにある自然史博物館。

ために、実質的には車で移動するしかなかった。車を持っていなかった1年目は、大学での授業やTAが忙しいこともあって、ときどきニコルス先生の車に乗せていただいて博物館に行く程度であった。授業のない期間は学生ビザでも長時間のアルバイトが認められていたため、夏休みはドラムヘラーに住んで自転車で博物館に通い、博物館で化石をクリーニングするアルバイトをしていた。

しかし、1年目の夏休みが終わる前に、私は車を買う決心を固めた。これから研究のためにティレルにある首長竜標本と共に過ごす時間を確保しなければならないのに、毎度毎度ニコルス先生に送り迎えをお願いするのは心苦しかったし、あまりに不便であったからである。幸いに気前のよい奨学金を運よくいただいたこともあり、私はカルガリーに戻るとすぐに中古車を値切り倒して購入した。ペーパードライバーの留学生には冒険であったが、この車は私にとってかけがえのないパートナーで、自立の象徴とも言える存在であった。そして、研究調査や学会などに出かけるときも自由に動くことができるようになったので、私の研究に与えたインパクトはとても大きかったと思う。大陸では、飛行機代が払えなくても車があればどこへでも行ける。それに、道路と両脇の畑と空しか見えないプレーリーで地平線に向かって一人で突っ走る解放感は、いつも私をうっとりさせた。この車はカルガリーを離れるときに泣く泣く手放したが、ナンバープレートは今でも持っている。

車を手にしてからは、時間を見つけてはドラムヘラーに行った。大学の授業期間中は毎週末に行き、また夏休みになると毎年カルガリーからドラムヘラーに引っ越して住んでいた。こうして私はカルガリー大学に加えてティレル博物館でも、研究者やスタッフの人たちのお世話になりながら長い時間を過ごすことができた。カナダ滞在2年目以降のドラムヘラーでの私のねぐらは、当時はティレル博物館にいらっしゃったフィリップ・カリー先生のご自宅であった。カリー先生は世界的に著名な恐竜学者であり、古植物学者である奥様のエヴァ・コッペルフス先生とご一緒に世界中を飛び回っていて、ご自宅をお留守にしていることのほうが多かった。ティレルを訪問する数多くの研究者や学生を快くご自宅に泊めていらっしゃって、私はその恩恵にとことん与った一人というわけである。さらに、ご夫妻の愛犬のドッグシッターができるという特典までついていたので、犬好きの私には素晴らしい環境であった。

また、同じく当時はティレルにいらっしゃったシャオチュン・ウー先生にも、細やかに面倒を見ていただいた。就職難のせいでウー先生はポスドク（任期付の博士研究員）として何年も過ごしている時期であったが、朝から晩まで週末もなく研究し続けて、私が在学中にオタワにある国立のカナダ自然博物館に研究者として採用されるという、逆

古植物学
化石などから植物の復元、同定を行う古生物学の一分野。植物の進化を明らかにするのはもちろん、古代の気候や環境、生態系などを推察するうえでも重要な役割を果たしている。

中央で犬を抱いているのがフィリップ・カリー先生、その向かって左隣が奥様のエヴァ・コッペルフス先生、2人の後ろが私とニコルス先生、恐竜プリントのTシャツを着て後方に立っているのがシャオチュン・ウー先生。

転ホームランを放って行った。爬虫類なら何でも扱えるという博識さに加えて非常に面倒見のよい方で、化石の記載や解析に必要な知識や技術の伝授から、レクリエーションの卓球のトレーニングまで、じつに根気よくいろいろなことを教えていただいた。

こうしてカルガリー大学とティレル博物館という環境を存分に生かして、私は首長竜研究に没頭することができた。没頭しすぎて博士課程でも留年したが、多くの博物館の訪問調査を行って多数の標本を実際に自分の手に取って観察してデータを集め、自分で納得できるまで研究に取り組むことができたので、時間をかけたことはまったく後悔していない。それどころか、卒業前に何本か論文を出版できたので、研究者と

カナダ自然博物館
オンタリオ州オタワにある、地球の成り立ちと生物の進化をテーマにした国立の自然史博物館。アルバータ州で発掘された恐竜やカナダ産の動物などを展示。

してのキャリアを歩むうえではプラスになったと思う。もっとも、不利な点もあった。日本では公募で年齢制限があることが多いため、帰国の目途がついて就職活動をしようとしても応募すらできないところが非常に多かったのである。しかし、今さら若返ることもできないので、そのまま研究優先で過ごした。私が諸々の審査を経て博士論文を提出し、課程を修了したのは2002年の12月であった。4月からはウー先生のいるオタワの博物館でポスドクとして引き続きカナダの首長竜を研究することも決まっていたので、この時点では私の頭の中はカナダの首長竜でいっぱいであり、フタバスズキリュウのことはほとんど考えていなかった。

突然、フタバスズキリュウ

人生は思い通りにならない

12月に博士課程を修了して4月からのオタワでの生活の準備を鼻歌交じりで始めていた私であったが、年明け早々に突然事態が暗転した。なんと、4月からのポスドクが取り消されたのである。理由は日本とカナダの学位授与のシステムの違いであった。

そのポスドクは日本仕様で、3月末までの日付がついた学位記が必要であった。日本では博士論文を一斉に提出して一斉に卒業するので学位記の日付は3月でそろい、4月から博士号を持ってポスドクになる。ところが多くの北米の大学では、博士論文の提出時期や課程修了の日付は人によって異なり、博士論文の審査や論文提出の時点から博士号を持つと見做《みな》してポスドクになれるが、学位記に記入される日付は修了の日付とは限らないのである。カルガリー大学では正式な学位記が授与されるのは6月の卒業式であったため、12月に課程を修了した私は北米の感覚では1月からポスドクになれる立場であったが、その日本のシステムでは学位記が出る6月までポスドクの資格がないとされたのであった。

私はもちろんのこと周囲の人々も困惑して、なんとか事態を覆そうと手を尽くしたが、まったく無駄であった。言ってみれば、卒業が決まった途端に就職先の内定が取り消されたようなものである。ウー先生は、無給でもオタワのウー家に住んで計画通り研究できるようにする、と涙が出るほどありがたいことをおっしゃってくださったが、博士課程を修了すると就学ビザが使えないので、じっくり研究するほどカナダに長期滞在することはできない。おまけに、日本では父が体調を崩して大きな手術を受けることになり、身内にそのような経験がなかった私は不安で動揺した。まったく、人生なかなか思い通りにはいかないものである。かくして、私の学位取得のお祭り気分はあっという間に吹き飛んでしまった。課程修了と同時に大学の籍を失ったために寮には住めなくなった私は、ドラムヘラーのカリー家に居候してティレル博物館をベースに研究していたが、ポスドクが取り消されてからは毎晩メソメソ泣いていた。

形勢逆転

ところが、捨てる神あれば拾う神あり、とはよく言ったものである。今回私を拾ってくださったのは真鍋先生とニコルス先生で、それは涙にくれていた私への破格のプレゼントとなった。そのプレゼントとは、別のポスドクと、フタバスズキリュウである。どちらが先だったのかは覚えていないが、ほぼ同時期にいただいたお話であった。

まずニコルス先生からは、ある日突然、なんの前触れもなく、こんな調子でお誘いを受けた。「研究費が残っているから、ティレルで半年くらいポスドクとして州立恐竜公園の首長竜化石の研究をやってみない?」。ニコルス先生は私が修士課程で躓いたときにも博士論文のテーマを突然与えてくださった方であり、綱渡りのような研究者人生を歩き始めた私が派手に転げ落ちるたびに引っ張り上げる、何かの途方もない力をお持ちだったのではないかと今でも思う。

そして、また別の日にメールボックスを開いたら、真鍋先生から「フタバスズキリュウの記載のお手伝いをお願いできませんか?」というメールが届いていたのである。よりによって、このタイミングでフタバスズキリュウとは! どちらも、沈み込んでいた私を一気に明るい世界に引き上げた。

さらに、オタワで私が研究する予定になっていた首長竜は、私が行くまでウー先生が押さえておいてくれることになったため、次の年にポスドクとして再チャレンジする機会も与えられた。こうして、周囲の人々が繰り出すマジックによって非常に短い期間に形勢が一気に逆転して、私は新しい二つのプロジェクトのためにフルスロットルで飛び出すことになった。

ティレル博物館でポスドクとして勤めるためのビザの切り替えの条件を考えると、私は日本に一時帰国しても3月の末までにカナダに戻ってこなければならなかった。そこで、2月下旬から1か月ほど日本に帰国して、フタバスズキリュウのデータを取り、父の手術にも付き添えることになった。

第2章

フタバスズキリュウの名づけ親になる

Futabasaurus suzukii
ANOTHER STORY

有名竜を記載するということ

お久しぶり

すったもんだの末にカナダから帰国し、当時は新宿にあった国立科学博物館の分館でフタバスズキリュウの標本に再会したのは、2003年の2月の末であった。5年ほど前に群馬県立自然史博物館の長谷川先生のお部屋で見た頭蓋骨も、科博の真鍋先生のお部屋に届けられていた。また、頭以外の部分の骨は一つずつ薄紙やクッション材に大切に包まれて、標本棚の古めかしい木の引き出し十数個に分けてしまわれていた。

フタバスズキリュウの頭蓋骨は、眼窩《がんか》より後ろの部分が露頭で浸食されたために全体の前後長が短くなっていて、眼窩が相対的に大きく見える。また、歯は抜け落ちたり折れたりしているため、ほとんど見えない。そして、圧縮されて若干平べったくなっていて、上から見ると大きな2つの目が並んでいる。まるで、口を真一文字に結んで両目を真ん丸に見開いて、何も言わずに（当たり前だ）こちらを見つめているように見える。

眼窩
頭蓋骨の前面にある、眼球が収まる穴。

実際に生きていたときには、頭がもっと前後に長くて目が相対的に小さく、ずらりと並んだ細長い歯が口から覗いてそれなりの強面であったと思うが、標本のパッと見の印象としては素朴で親しみやすい「顔」である。

標本に5年ぶりに向き合ったときに、「お久しぶり、これからよろしく！」といったような言葉をかけて、表現しがたい不思議な気持ちになったことを今でも覚えている。小さいときから名前を知っていて、大学に入ってからは学術的な重要性もなんとなく理解できるようになった、あのフタバスズキリュウが研究対象として目の前に鎮座しているというのは、とてつもなく嬉しいことであった。それと同時に、有名な

フタバスズキリュウの頭蓋骨は現在、科博の日本館3階に展示されている。

未記載標本の記載という、名誉であると同時に大変な仕事が課せられていたので、その重責に緊張してもいた。フタバスズキリュウは恐ろしく真面目な顔で、「これからどうするの?」と言わんばかりに私をじっと見てくる。日本で生まれ育った古生物好きの一個人として、そして首長竜の研究者として、「私がフタバスズキリュウを記載することになるとはねえ」としばし感慨に耽ってしまったのも仕方のないことであろう。

標本庫での作業

新宿分館の標本庫の中は薄暗く、エアコンがなかったのか効きが悪かったのか非常に寒くて、春まだきの時期に長時間の作業を行うには電気ストーブが必須であった。可動式の標本棚をずらして部屋の奥に行くと、細長い通路と窓があり、窓の脇には机と椅子が置かれていた。ここが、標本庫で作業する際に使える唯一の場所で、スペースを確保するためにあれこれ知恵を絞ったが狭いことには変わりがなく、標本を大々的に広げて作業することは不可能であった。また、棚は可動式であるため、その前で広げてしまうと棚を動かせなくなってしまうし、何かの拍子に棚が動かされると標本が潰される恐れがある。そこで、標本棚の引き出しから必要な標本だけを作業スペースに運び、作業が終わると引き出しに戻して次の標本を作業スペースに移動させる、という作戦で進めることになった。

あの古めかしい木の引き出しを、何十回押したり引いたりしたことだろう。私は標本調査を行うために様々な博物館で引き出しを引いてきたので、引き出し引きのプロになれそうな気がする。中に入っている標本が重ければ引き出しとレールの摩擦《まさつ》が大きくなるし、重さや湿気の影響で引き出しが歪んでいて、素直に出てきてくれないこともよくある。腕の力だけで動かせなければ、両手で引き出しを持って片足で立ち、引き出しの枠などにもう片方の足を踏ん張って、全身で引っ張るのである。しかし、力任せにやって急に動くと、その反動で引き出しの中の標本が転がったり、隣同士がぶつかったりして壊れるリスクが生じるので、なるべく静かに動かさなければならない。また、規格からちょっとずれた引き出しもあるので、注意して引かないとレールから引き出しが外れてしまうこともある。

余談であるが、科博の研究施設が当時の新宿から現在の茨城県つくば市に移って、私がもっとも感動したのは標本庫の仕様と温度調節であった。フタバスズキリュウの化石の実物は、上野の本館で展示されている一部を除いてこの標本庫で保管されている。標本が入っている引き出しは金属製で、引き出すのもスムーズである。あのころ、底冷えのする新宿の標本庫で私に引き出しごと何度もガタガタ揺らされて閉口していたに違いない標本たちも、ほっとしているのではないだろうか。ちなみに、収蔵状況によっては脚立に乗って高いところの引き出しから出し入れすることもあるが、体重と脚立の足元の摩擦が足りないと、引き出しの代わりに脚立ごと自分が押し返される。力学の作用・反作用の法則、恐るべしである。幸いなことに、当時の新宿の標本庫ではフタバスズキリュウの標本は低い棚に入っていたので、開きにくい引き出しがあっても脚立ごとひっくり返る心配は無用であった。

フタバスズキリュウは全身骨格で見ると頭から尻尾の先まで何メートルもある大きな生き物であるが、一つ一つの骨はじつはそれほど大きくない。そのため、バラバラになった骨であれば、自称非力な私でも運ぶことができる。いちばん重い骨は上腕骨《じょうわんこつ》か大腿骨《だいたいこつ》であるが、それでさえも両手で持ち上げることが可能である。長さや幅という点では、恥骨《ちこつ》がもっとも大きい。こちらは薄い骨であるために壊れやすく運びにくいものの、これも一人で持てる大きさである。大型脊椎動物の研究では、動物の種類やクリーニングの仕方によっては、一人では動かすことができないほど標本が重かったり大きかったりすることもよくある。そういうときには人を呼んで手伝ってもらわなければならないし、場合によってはフォークリフトなどの重機が必要になることもある。その点では、フタバスズキリュウの標本は私が自由に動かしていろいろな方向から見ることができ、狭いスペースでも作業可能であったので助かった。

しかし、実際に個々の骨を持ち上げてみると、すぐに私は悲鳴を上げる羽目になった。

茨城県つくば市にある科博の標本棚。フタバスズキリュウの骨が整理され、きれいに収められている。引き出しを開けるのもスムーズ。

フタバスズキリュウの標本は、化石のもともとの保存状態が悪いため、非常に壊れやすいのである。引き出しを覗き込んで最初に持ち上げたのは、脊柱《せきちゅう》（背骨）を構成する椎骨という骨の一つであった。首長竜の椎骨は、椎体《ついたい》と呼ばれる缶詰のような円筒状の部分と、神経棘《しんけいきょく》と呼ばれる板状の突起から構成されていて、椎体と神経棘をつなぐ部分は非常に薄くて細い。この部分に亀裂《きれつ》が入っていて、持ち上げるとグラグラ動くのである。そして椎体にも多数の亀裂が入っており、うかつに触るとぽろぽろ崩れてしまう。また、化石骨の割れ目をつなぐ充填剤《じゅうてんざい》が経年劣化ではがれているところもあったし、置く向きを変えるだけで標本自体の重さで割れてしまうものもあった。

「化石」と一言で言っても保存状態や頑丈さは様々であり、ときにはどこを触っても崩れるためにそのままでは動かせないこともある。そのため、脊椎動物化石の発掘やクリーニングでは、有機溶媒に特殊なプラスチックを溶かした溶液や接着剤・充填剤を使って保護・補修しながら作業を進めることが多い。真鍋先生に諸々の物品を急いで用意していただき、私は標本の修復に取りかかった。一時帰国であって作業できる時間が限られたなかでの短期決戦であったため、学部の卒業研究からアメリカやカナダでの院生生活にわたってクリーニングの経験を積んでおいたことが非常に役立った。もっとも、標本というものは壊れることはあっても、生物の怪我のように治ることは決してない。

院生時代、クリーニング作業をしている様子。

つまり、長い目で見れば私が施した処置も些細な時間稼ぎにすぎないのである。そのため、「標本が粉々に壊れる前に記載できてよかったなあ」と今でも思っている。ちなみに、どれほど精密な模型を作っても、実物標本の持つ情報を完全にカバーすることはできないと私は考える。記載という、人間が肉眼で見て行うわりと原始的な作業であっても、単純な全体の形だけではなく、表面に見える骨組織の構造や密度、表面の微小な凸凹、色の違いなどを捉える必要があるためである。

300の骨を整理

修復作業と並行して私が行ったのは、化石として保存されている部位の確認であった。人間の骨格は約200個の骨から構成されているが、フタバスズキリュウのようなエラスモサウルス類の首長竜の完全骨格には頸椎だけで数十個あるうえに尻尾も生えているため、椎骨の数だけで100個を超えてしまう。加えて、人間では胸郭《きょうかく》の部分にしかない肋骨《ろっこつ》が首や腰や尾にもついており、腹部にも肋骨状の骨（腹肋骨《ふくろっこつ》）があるし、長い鰭状の手足も人間よりはるかに多くの骨からなっている。また、通常は一つであるはずの骨が破損して複数に分かれていたり、欠損していたりする。

そこで、私は引き出しを順番に開けて骨一つ一つに番号を手書きした紙をつけて、形と保存状態や破損個所などを確認しながら、ノートに番号とパッと見てわかる範囲で同定した骨の名前を書いていった。次に、上記の番号を使って「頸椎：1番、2番、5番、6番……」といった具合に、体の部位ごとにパーツを整理していった。こうして一通り引き出しの中を調べると、標本の全体像が浮かび上がり、どの引出しに何が入っているのかも具体的に把握できるので、その後の作業が効率的にできるようになる。

フタバスズキリュウの骨は、18個の引き出しと石膏のケースに収められていた。当時のノートを見ると、「後方頸椎の椎体と前関節突起」「肋骨頭（肋骨が椎骨と関節する部分）」「腹肋骨の端?」「9番の椎体の神経棘」「左?の坐骨《ざこつ》」「同定不能な平らな骨」など、合計221個の骨に加えて、個々の区別がつけられない指骨をまとめて数十個記録している。つまり、フタバスズキリュウの骨格は、私が見た時点で300個くらいの部分に分かれていたということである。ちなみに、大部分の椎骨と肋骨は壊れて複数のパーツに分かれていたため、個々の骨の数としてはこの半分以下である。欠損していると思われた部分が見つかって破損面がぴったりマッチして一つの骨であると判断できることもあり、「この骨片はどこから来たのかしら?」という迷子の帰る場所が見つかると非常に嬉しかった。行方不明だったパズルのピースが見つかったような感覚である。

こうして全体像がわかってから、次に体の部位ごとに丁寧に骨の形を調べていった。標本を手に取ってあちこちの方向から見て肉眼で確認できる特徴——○○突起がどのくらい出ているとか、○○面がどのくらい凹んでいるとか、○○穴がどこにいくつあるとか、破損している部位や全体的な歪みの方向や度合いなど——を確認し、必要に応じてスケッチやメモをとっていったのである。椎骨や肋骨などのように似たような骨が複数ある場合は並んでいる順番を判断し、手足のように左右で対になっている骨では左右を判断したりする。また、首長竜は骨化の進み具合によって大まかに「子供」と「大人」

を区別するため、骨化の度合いを示す特徴も丁寧に探す。フタバスズキリュウの骨格は関節した状態で見つかったうえにクリーニングもきれいになされており、首長竜の骨学の概要がわかっていれば、個々の骨の種類や方向の同定はそれほど難しいことではなかった。しかし、記載するために標本を丁寧に見ていくと、「やっぱりエラスモサウルス類ねえ」「これって別の標本にもあったなあ」「こんな特徴、ほかのエラスモにあったっけ?」「へー、こうなってるんだ!」などなど、まだまだ勉強中の研究者の頭にはいろいろな考えが浮かんだり消えたりして時間が過ぎていった。

記載には、スケッチやメモに加えて写真の撮影も必要である。標本庫は暗く、フラッシュを焚くと強い影がついて邪魔になるうえに、標本が大きすぎて通常の撮影台では撮影しにくいこともあった。そういうときにはカメラを三脚で固定して自然光の下で撮影するために、三脚を担いで大きな窓の傍や屋上などをうろうろした。なお、このときはフィルムの一眼レフカメラでモノクロの写真を撮影して使った。当時はすでにデジタルカメラが主流になりつつあったが、デジタル一眼はまだかなり高価であった。おまけに、私は電子レンジやファックスのレベルから機械が苦手で、ボタンだらけのハイテク機器を使いこなす自信がなかったので、なかなか手を出せなかったのである。もっとも、フィルムカメラは現像しなければ写真の出来がわからないし、24コマや36コマのフィル

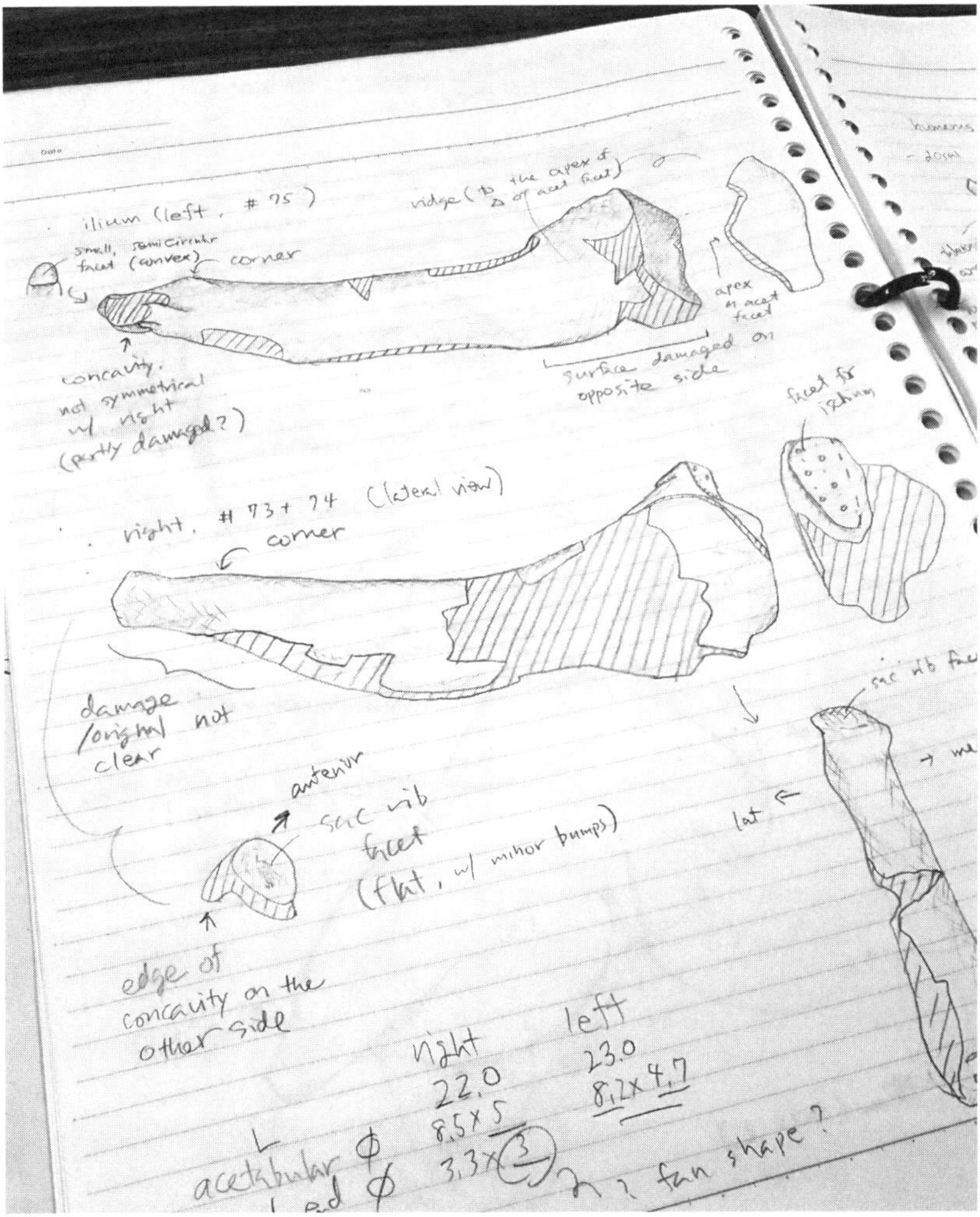

フタバスズキリュウの骨を一つ一つ整理した当時のノート。腸骨について書いたページ。

ムを使っている途中で現像すると残りのフィルムが使えなくなるため、デジタルでは考えられないほど手間暇がかかった。そもそも写真撮影そのものが苦手な私は失敗もよくあり、そのたびに撮り直しが必要になった。自分用のデジタル一眼を購入したのはフタバスズキリュウのデータを取り終わって間もなくのころであったが、なんとか使えるようになるとフィルムカメラには戻れなくなった。フタバスズキリュウのときもデジカメで気軽にたくさんの写真を撮ればよかったな、と思うこともしばしばである。

このようにスケッチや写真を使って記載に必要な「形の」データを取っていくわけであるが、使う道具や使用頻度は研究者によって異なり、フィルムカメラがデジタルカメラになったように、時代と共に変化している。そのなかで、私は一時的なデータの収集では、原始的でアナログな方法であるスケッチやメモ書きに頼る度合いが非常に高い人間である。その理由は、画像では取りきれない情報があり、自分の目で見て手で触れる情報でないと不安になるからである。

化石標本が完全な形をしていれば画像でもいいが、破損個所や関節面のテクスチャを画像だけで認識することは簡単ではない。それに、複雑な形状を持つ三次元の物体を二次元の写真で撮影すれば、影に入って見えない部分ができるし、影がなければ立体感を出すことが難しい。写真撮影の腕にもよると思うが、私のように残念な腕の持ち主には非常に深刻な問題なのである。また、化石標本では壊れたり欠損したりしている部分を人工物で補修・復元していることもあり、文字通り標本を撫でまわして目をこすりつけるようにして見なければ、本物の化石の部分と区別できないこともある。自分で発掘した標本ならともかく、展示・教育用の標本であれば非専門家から見たわかりやすさや美的な観点を優先して人為的に形を整えてある可能性が高いし、研究用の標本であってもさらなる破損を防ぐために補修されていることもある。本物の化石だと思って調べた標本がハリボテで呆然とした経験がある私としては、慎重にならざるを得ないのである。

ちなみに、私は研究のなかでも標本と向き合っているこの時間がいちばん楽しい。学術研究としての評価の対象となるのは、観察・分析の結果として得られる成果であり、多大な時間をかけて観察しても、評価に結びつくような結果が得られないこともままある。たとえば、私はあちこちの博物館や研究室にお邪魔して所蔵標本を見せていただいて研究材料を探しているが、その標本だけで学術論文が書けるような標本に遭遇することはめったにない。しかし、成果や評価がどうのこうの言う以前に、私には標本を観察してあれこれ考えるという行為そのものが楽しいのである。重症化すればそのうち標本の声が聞こえて会話ができるようになるのではないかと思っているが、幸いというか残念なことに、そこまでには至っていない。

国立科学博物館新宿分館（上）と自慢のツーショット（右）（2012年撮影）。フタバスズキリュウのレリーフが門のところにあり、写真奥の建物に標本庫や研究室があった。

先人の足跡を辿る

発掘時のデータ

化石の学術研究は、研究対象の化石を見ているだけでは行うことができない。その化石と同じような種類の化石との詳細な比較や、化石を含んでいた地層から得られる年代や堆積環境についての情報は不可欠である。そして、自分が記録を取りながら発掘・クリーニングをした標本でない場合は、発掘当時の記録を確認することが必要になる。フタバスズキリュウの研究では、博士論文でエラスモサウルス類の情報を集めていたので形態の比較に必要な資料はかなりそろっていたが、地層や発掘当時の情報に関しては日本で集める必要があった。そのため、新宿の科博の図書室での文献調査や、発掘に加わった長谷川先生がお持ちの資料の確認なども、標本調査と並行して行った。

フタバスズキリュウの記載をするうえで非常に助かったのは、化石として残っている骨の多くが関節していたこと、発掘当時の記録が文書化して残されていたこと、クリーニング後も骨の位置が把握できるように諸々の配慮がなされていたことである。これは、後の記載の作業で必要になる情報を想定できる研究者が、発掘やクリーニングを指揮していたためであろう。前述の通り椎骨や肋骨だけでも何十個もあるため、関節が外れてバラバラになっていると、並んでいる順番を復元するのに大変苦労する。また、人間でいえば肘と膝に相当する部分より爪先に近い鰭の部分を構成する骨には形がほとんど違わないものも多く、バラバラになってしまえば手足を区別することも、個々の指の骨の位置を正確に特定することも、ほぼ不可能である。フタバスズキリュウは産状模型が作られていたうえ、化石の産出状況やクリーニングの過程は次の文献などで出版されていた。また、標本の所々にはクリーニングの際につけられたと思われる番号が確認でき、私が化石の形態から下す判断を、当時の記録と照らし合わせることができた。

小畠郁生・長谷川善和・鈴木直（1970）「白亜系双葉層群より首長竜の発見」、地質学雑誌、76巻 3号 P161-164.
長谷川善和・小畠郁生（1972）「クビナガリュウの発掘」、自然科学と博物館、39巻7～8号 P107-121.
長谷川善和・小畠郁生（1976）「よみがえった首長竜――フタバスズキリュウ復元物語」、国土と教育、6巻6号 P2-7.

産状模型
発掘やクリーニングの途中で骨の化石が地層に埋まっている状態を模型にしたもの。骨の数の多い動物ほど、その位置や向き、並び方を記録しておくことは特に重要となる。

小畠郁生
（おばた・いくお）
1929-2015年。古生物学者。国立科学博物館地学研究部部長、大阪学院大学教授などを歴任する傍ら、非常に多くの恐竜、古生物学関連の書籍を執筆、翻訳。特に恐竜についての知識普及に多大な貢献を果たした。本来の専門はアンモナイトなどの無脊椎動物化石であるが、科博研究員だった1968年よりフタバスズキリュウの発掘調査にも携わった。
162ページ参照。

地層のデータ

先人のデータが必要になるのは、標本や発掘に関するものだけではない。首長竜などの脊椎動物化石を記載するためには、標本そのもの以外にも、標本が出てきた地層についての情報が必要になる。これは、その生物が何年前に生きていた動物で、どのような環境で化石になったのかを知るための情報が、脊椎動物の化石そのものには含まれていないからである。

先史時代の遺跡や歴史的な資料の調査では、生物の体に含まれている炭素の同位体比を使った炭素14法という分析方法を用いて、今から何年前という数値年代を測定する、ということをご存知の方もいるだろう。炭素14法は非常に強力でよく利用されている年代測定法ではあるが、

科博のフタバスズキリュウの全身復元骨格の下に展示された産状模型。

測定できるのはせいぜい10万年前くらいまでである。そのため、フタバスズキリュウや恐竜やアンモナイトのような、何千万年も前の化石の年代を直接測定することはできない。古い時代の数値年代を求めるためには、火山灰層などに含まれる放射性元素の崩壊に伴う同位体比の変化や結晶につけられる傷などを用いて、化石を含む地層の年代を測る必要がある。ところが、そんなに都合よくピンポイントで火山が噴火してくれるわけでもなく、数値年代測定には高額な機器と技術が必要であるため、ほいほい気軽に測れるものでもない。

地層の年代を知るためにもっとも一般的に用いられている方法は、アンモナイトや二枚貝などの大型無脊椎動物化石やプランクトンなどの微化石を用いるもので、この分野の研究は生層序学と呼ばれている。「示準化石」という言葉を理科の授業で学んだ記憶がある方もいらっしゃるであろう。生層序学は、示準化石を見つけたり使ったりして地層の年代を調べる。地質調査を行いながら、どの地層からどのような種類の化石が出てくるか、というデータをひたすら積み上げていくことで、地層の相対的な年代（アンモナイトAが出る地層は二枚貝Bが出る地層より古い、など）を調べる学問である。理論ではなく経験則に基づくものであるため、先人によるデータの積み重ねがあって初めて地層の年代を測る尺度として化石を使うことができる。おまけに、日本列島はプレー

炭素14法
放射性炭素14を用いる年代測定法。炭素の同位体のうち、炭素14はベータ崩壊（電子を放出する放射性崩壊）を起こして窒素14になる。その際の半減期（放射性核種が崩壊して別の核種に変わるとき、元の核種の半分が崩壊する期間）は５７３０年である。この性質を利用し、生物の遺骸に残されている炭素14の割合を用いて年代を推定することができる。

数値年代
放射性元素を用いて、具体的な数値で表される年代のこと。放射年代、絶対年代ともいう。

微化石
数ミリ以下の小さな化石の総称。

示準化石
地層が堆積した時代の推定に役立つ化石のこと。

トの境界にあって地殻変動が激しく、褶曲《しゅうきょく》や断層も非常に多いために地層の連続性が悪いことから、ある土地に見られる地層の年代を周辺のデータから推測することは難しい。つまり、現地で何日もかけて汗と泥にまみれて地層を調べ、様々な化石を大量に集めて分析した先人の研究成果がなければ、その地層の年代を知ることは、ほぼ不可能なのである。何かのサンプルを測定機に放り込んでボタンを押せば年代が出る、という性質のデータではない。

地層の堆積環境についての情報も、化石や堆積物を実際に調査しないと得られない。その地層ができた環境を判断するのにいちばん手っ取り早い方法は、含まれている化石の生物が暮らしている環境のデータを使うことであるが、それほど単純に片づけられないこともある。陸で暮らしていた動物や植物の遺骸《いがい》が海まで流されることはよくあるし、古い時代の地層であれば、その化石の生物が現在の生物とまったく同じ環境で暮らしていたという推定の説得力が弱くなってしまう。また、一言で「海」と言っても、波打ち際から深海まで様々な環境が含まれる。そのため、堆積物の組成や積み重なる際に水流によってできる堆積構造、海底に棲む生物の種類や巣穴の痕跡（生痕《せいこん》化石）などを分析する古生物学者や堆積学者の先行研究がないと、具体的な堆積環境を知ることは困難なのである。

褶曲
地層の側方から大きな力がかかり、地層が曲がりくねって変形する現象のこと。

日本産の化石を研究していていつも感心させられるのは、化石が出る地域であれば必ずと言ってよいほど、年代や堆積環境についての先行研究が残されていることである。また、複数の研究者が同じ地域の調査をしていることが多いため、データの確認や解釈、アップデートという点でも安心できる。フタバスズキリュウをはじめとする首長竜の化石は、本邦では白亜紀の海でできた地層（海成層）から見つかることが多いが、この年代の地層に関する研究の日本における充実ぶりは、間違いなく世界屈指のレベルである。脊椎動物化石の研究をしていても、異なる分野の有名無名の研究者が長い時間をかけて築き上げた学術情報の蓄積という恩恵に与っていることを、痛感せずにはいられない。

海成層
海で堆積した堆積物からなる地層のこと。

地層のデータから当時の環境を知る

フタバスズキリュウは福島県南東部のいわき市付近に分布する白亜紀の双葉層群玉山層という地層から出てきたため、私はこの地層に関する論文を片っ端から集めて読んでいった。私自身が今からコツコツと地質調査を行って年代を決めることはできなかったため、地層についての情報は文献に頼らざるを得なかった。文献と言ってもいろいろな種類があるが、私は地層の研究のプロが自分で行った地質調査・標本調査に基づいていて、専門家向けの詳しい情報が示されていて、内容がなるべく新しい論文の情報を重視している。私が双葉層群玉山層の地層についての情報源として頼ったのは、主に次の論文であった。

久保和也・柳沢幸夫・利光誠一・坂野靖行・兼子尚知・吉岡敏和・高木哲一（２００２）川前及び井出地域の地質。地域地質研究報告（5万分の1地質図幅）、産総研地質調査総合センター、P136.

安藤寿男・勢司理生・大島光春・松丸哲也（１９９５）上部白亜系双葉層群の河川成～浅海性堆積システム――堆積相と堆積シーケンス。地学雑誌、104(2), P284-303.

こうした学術論文には、著者らの研究成果の紹介に加えて、それまでに出版された双葉層群に関する文献も大量に引用されている。そのため、「この結論の根拠は？」「この論文とあの論文で解釈が異なる理由は？」といった点の追跡調査も可能である。また、様々な時代の異なる著者による論文を読むことで、めったに見られない種類の化石や堆積物の特徴などがわかるため、その地層の全体像が見えてくる。これまで「首長竜が出てきた地層」ということしか知らなかった双葉層群が、アンモナイトや二枚貝などの大型無脊椎動物化石はもちろんのこと、フタバスズキリュウの地層より下位（年代が古い

双葉層群
福島県の太平洋岸の「浜通り」の南部に分布している中生代白亜紀の地層。石炭を含む地層の調査をしていた徳永重康が発見し「双葉層」と命名し、後に内部が細分されて「双葉層群」とされた。フタバスズキリュウが発見された「玉山層」のほか、「笠松層」と「足沢層」を含む。

地層）では植物化石（花や花粉、胞子など）もかなり含んでいて、海水準の変動によって陸になったり海になったりするような河口付近や浅海域で堆積したことがわかるのである。

また、フタバスズキリュウを産出した地層は双葉層群の最上位にあり、そのすぐ上は不整合でまったく異なる新しい年代の地層（古第三系始新統〜漸新統の白水層群）に覆われている。つまり、フタバスズキリュウの遺骸が海底に沈んだ後、しばらくはその上に地層が積もり続けたが、ある時点で浸食作用によって上部にあった地層が削り取られ、それが埋もれていたフタバスズキリュウの骨のギリギリのところまで迫っていたのである。フタバスズキリュウの化石は、川沿いの崖に露出しているところを鈴木直さんに発見された。そのまま風化や浸食が進めば失われる状態になっていたのだが、地層全体という大きさやタイムスケールで見ても、危ないところで浸食を免れた化石なのである。まったくもって、よくぞ残ってくれたものだと思う。

徳永重康博士の論文

化石が好きな方ならご存知の通り、双葉層群はアンモナイトの化石がたくさん出ることで有名である。フタバスズキリュウの化石が出た近くにはアンモナイトセンターという施設があり、そこではアンモナイトをたくさん含む地層をむき出しにした露頭そのものが展示されているくらいである。また、湯本温泉の近くのいわき市石炭・化石館でも、この地域で見つかった化石がたくさん展示・保管されている。

福島県南東部から北茨城にかけての地域は、明治から昭和にかけて採掘されていた常磐炭田の石炭でも有名である。映画『フラガール』（２００６年）では、炭鉱産業が縮小されていくこの地で町おこしに奮闘する人々の姿が描かれており、ご覧になった方もいらっしゃるであろう。この地域で発掘されるものと言えば、化石より石炭の印象が強いという方も多いのではないだろうか。

日本では明治維新の後で学問が急速に欧米化され、現在の私たちにはおなじみの地質学や古生物学もこの時期に早々に導入された。地質調査は石炭をはじめとする資源の探査に不可欠であり、近代国家の工業化の礎となる大切な事業であったことから、多くの地質学者が全国の様々な地域の調査を行い、地層や化石の情報を積み重ねてきたのであ

いわき市アンモナイトセンター
巨大なアンモナイト化石が集中して発見された双葉層群足沢層の露頭をそのまま建物で覆った展示施設と、屋外体験発掘場で構成される博物館。１９９２年に開設された。

る。私が見つけた文献で、双葉層群の化石に関係するもっとも古い文献は、1923年に徳永重康《とくながしげやす》博士によって発表された次の論文である。

徳永重康（1923）磐城炭田地方にて發見せる中生層。地質學雜誌 30(354), P101-114

徳永重康（1923）再び双葉白堊層に就きて。地質學雜誌 30(358), P257-262

これらの論文では、磐城国双葉郡内地方（現在のいわき市北部から双葉郡にかけての地域）の地質を調査した結果、現在のいわき市玉山鉱泉付近でイノセラムスという中生代白亜紀の代表的な二枚貝化石やアンモナイトやサメの歯などが発見されたことが報告されている。いずれの論文も文語体・旧漢字を用いて縦書きで格調高く記されており、元文学少女としては森鴎外の「石炭をば早や積み果てつ」などの名文を連想せずにはいられない。

双葉層群からの爬虫類化石の報告として私が見つけた最古の論文も、徳永博士によるものである。出版年から察するに、白亜紀の地層があることが明らかになってからそれほど時間をおかずに、爬虫類化石が発見されたようである。

徳永重康
1874-1940年。古生物学者、地質学者。動物学を学んだ後、古生物への興味から大学院では地質学を学ぶ。大学卒業直後より、沖縄周辺の島々、小笠原諸島などの地質を調査してまわり、様々な地層の存在を報告。その後早稲田大学教授を務める一方で、全国各地で炭田や鉱山を調査し、同時に地層の年代特定、化石の発掘などを行った。現在のいわき市付近の調査で白亜紀の地層である双葉層群を発見。1933年、中国東北部（当時の満州）を自然科学の見地から調査するために編成された「満蒙学術調査団」の団長も務めた。

Shigeyasu Tokunaga and Saburo Shimizu (1926) The Cretaceous Formation of Futaba, and its Fossils. Journal of the Faculty of Science, Imperial University of Tokyo, Section 2, vol. I, p181-212, Plates 21-27.
（徳永重康・清水三郎［１９２６］双葉地域の白亜系の地層とその化石。東京帝国大学理学部紀要）

英語で書かれたこの論文には、アンモナイトなどの軟体動物化石と一緒に、断片的な爬虫類化石が記載されている。残念ながら実物の化石は太平洋戦争中の空襲で失われたようで、現在は文字と図の情報しか手に入らない。しかし、ここに記された情報から、*Plesiosaurus* sp.（プレシオサウルス属、種不明）と同定された標本は、エラスモサウルス類の幼体の頸椎の椎体であることがわかる。それにしても、外国の文献や標本の写真などの情報が今よりはるかに乏しかった時代に、アンモナイトやイノセラムスを見慣れた目で首長竜を見分けることができた先人たちの教養と眼力には驚嘆させられる。

フタバスズキリュウの発見者である鈴木直さんは、子供のころにご覧になったご本で徳永博士たちが爬虫類を含む様々な化石を発見していたことを知り、そのこともあって化石探しに熱中していたのだとおっしゃっていた。そして、その鈴木さんが発見した化石を私が研究することになったのであるから、人のつながりは不思議なものである。

イノセラムス
中生代白亜紀に生息した二枚貝。いわゆる示準化石の代表格で、地層の時代決定に用いられる。

清水三郎
（しみず・さぶろう）
?年-１９３９年。古生物学者、地学者。東北大学教授（当時は東北帝国大学理科大学。地質学教室の初代教授）として１９２０年代から30年代にかけ、東北地方を中心に全国各地の地層を調査し、中生代のアンモナイトを多数記載する。徳永重康とともにいわき地方の化石を調査し、論文の共著者となる。

最初の原稿

夜な夜な、フタバスズキリュウと向き合う

そうこうしているうちに、カナダに戻る日がやってきた。先述の通り、私はアルバータ州ドラムヘラーの王立ティレル古生物学博物館でポスドクとして勤めることになっていたが、カナダ国内で学位を取った外国人に与えられる特殊な就労ビザを利用していたため、学位取得から一定の期間内にカナダに再入国する必要があった。私はフタバスズキリュウにしばしの別れを告げて、２００３年3月下旬にカナダに戻ってきた。

ティレルでは、アルバータ州南部の州立恐竜公園（Dinosaur Provincial Park）から見つかる首長竜化石の研究をテーマとして与えられていた。州立恐竜公園は白亜紀の恐竜化石を大量に産出することで恐竜好きの間では有名であり、ユネスコの世界遺産にも登録されている。恐竜化石が大量に出てくる地層は河川によって運ばれた堆積物からなる陸成の堆積物で構成されているが、同じ地層から首長竜の化石も出るのである。つまり、首長竜は少なくともこの地域では河川性の環境にも暮らしていたということであるが、このように明らかに陸成の地層から首長竜化石が見つかることは、世界的に見ても非常に珍しい。さて、私がティレルのポスドクとして確実に滞在できるのは数か月程度であったため、かなり急いで集中して研究する必要があった。そこで、日中の通常の勤務時間には恐竜公園の首長竜化石研究に取り組み、日本からデータを持ち帰ってきたフタバスズキリュウの研究は勤務時間終了後の夜に行った。

私が夜な夜な行っていた作業は、フタバスズキリュウとこれまでに知られているエラスモサウルス類との詳細な比較であった。1970年に地質学雑誌で公表されたフタバスズキリュウの産出報告では、いくつかの既知の首長竜との違いを根拠に、フタバスズキリュウが新種の首長竜である可能性をすでに指摘している。しかし、新種であることを示すためには、既存の似ている種すべてと異なっていることを示さなければならない。また、1970年以降に首長竜の研究が進んでおり、分類体系や進化の道筋の考え方には新しい概念が導入されていたし、日本国内でもそれなりの部位が保存されている首長竜化石が北海道の穂別、小平、中川などから産出して記載論文が出版されていたので、実質的には研究を初めからやり直す必要があった。おまけに、フタバスズキリュウは日本では抜群の知名度を持つ有名竜（?）であるため、殊の外神経を使って細かく調べる必要があった。

何をもって「新種」とするか

化石がどのような種類の生物のものであるかを調べる作業は、専門家の言葉では「（分類学的に）同定する」と呼ばれる。同定するという作業は、その標本と似たものを比較して共通点と相違点を洗い出す、ということにほかならない。そして、「この化石はA種である」という結論を導くには、「A種と共通点がある」ということだけでなく、「A種以外のほかのどの種とも異なっている」ということも示さなければならない。なぜなら、いくらその化石とA種に共通点があっても、その共通点がほかの種にも見られればA種以外の種である可能性があるからである。脊椎動物の背骨や手足の骨は、似ているがちょっと形が違う要素の繰り返しでできている。そのため、同定が難しい。たとえば、ヒトの頸椎は7個あるが、頭蓋骨に関節する第一頸椎（環椎《かんつい》）と首の付け根の第七頸椎ではかなり形が異なり、その間にある頸椎も部位によって形が違う。そのため、まったく同じ部位を比較できないと意味がない。しかし、大型脊椎動物化石で全身の骨がすべてそろって発見されることはめったになく、頭蓋骨しか見つかっていないとか、前肢の骨はそろっているけれど後肢は見つかっていないという種は、ごく当たり前にある。そのため、頭蓋骨の情報しかない種との違いを示すためには頭蓋骨の形状を詳細に比べ、頭蓋骨が見つかっていない種との違いを示すためには首から後ろの骨格を比較する必要があるのである。

フタバスズキリュウの場合、実際に標本を見る前からすでに「新種だったらいいな」という期待があった。なぜなら、小畠ほか（1970）の論文ですでに新種である可能性が指摘されていたし、太平洋沿岸ではエラスモサウルス類化石の乏しい年代の地層から産出していることや、エラスモサウルス類の属や種で汎世界的な分布が確認されているものはいないことなどからも、新種の可能性は十分にあると考えられたからである。また、首長竜（特にエラスモサウルス類）の化石は、頭蓋骨や肩回りや骨盤などの骨がある程度そろった状態で保存されていないと、種や属のレベルまで同定することが不可能なことが多い。既知の種としらみつぶしに形を比較して、違いや共通点を洗い出せるだけの骨格が残っているということは、結論が新種かどうかにかかわらず、種や属を同定するうえで不可欠な条件なのである。幸いなことにフタバスズキリュウには頭蓋骨を含む全身のかなりの骨が保存されていたことから、新種であるか否かを示すために徹底的な比較を行える可能性が高いことは自明であった。

ほかのエラスモサウルス類とフタバスズキリュウを区別できる特徴として最終的に残ったのは、次の10点である。骨の名前などの専門用語で理解しにくいかもしれないが、とりあえず番号だけでもおつき合いいただきたい。

❶ 眼窩と外鼻孔（鼻の孔）が離れている
❷ 鎖骨と間鎖骨《かんさこつ》が癒合した構造の後縁に間鎖骨の後部が突き出る
❸ 大腿骨の筋肉痕が後方に飛び出している
❹ 外鼻腔が前顎骨の前から5番目の歯の上にある
❺ 眼窩の下縁が凹になっている
❻ 後方頸椎の椎体を前後から見ると腹側にくぼみがある
❼ 間鎖骨の前縁に大きなくぼみがある
❽ 恥骨の前縁が大きくへこんでいる
❾ 上腕骨が大腿骨に比べてかなり大きい
❿ 橈骨《とうこつ》・尺骨《しゃっこつ》や脛骨《けいこつ》・腓骨《ひこつ》が上腕骨や大腿骨に対して比較的長い

このうち、❶～❸はフタバスズキリュウのみに見られるユニークな特徴である可能性があった。もし既存の種すべてで全身骨格がそろっていれば、❶〜❸がユニークであることを示しさえすればよかったのであるが、残念ながら頭蓋骨や鎖骨と間鎖骨や大腿骨についてほとんど何もわかっていない種も複数あるため、これらの種と特徴を共有していた可能性は否定できない。一方、❹〜❿の特徴はいずれも一部のエラスモサウルス類と共有されているので、フタバスズキリュウのみに見られる特徴というわけではないが、この特徴を共有していないことが確認できる種と区別するためには使うことができる。そして、❶〜❿の特徴すべてを併せ持つエラスモサウルス類の種は存在しないので、フタバスズキリュウは既存のどの種とも区別できる新種である、と判断されるのである。

化石脊椎動物の分類は骨の形の特徴に基づいて行われるが、形の特徴（形質）は定性的であり、数値化されていないものが大部分である。それから、化石が地層の中で変形していたり、母岩が固すぎたり変形や風化がひどすぎたりして化石の骨を母岩から取り出すことが難しいために、骨の三次元の形状を理解してどの部分の骨であるのかを見出すのに苦労することも珍しくない。また、異なる形状を見つけたとしても、成長による変化（大人と子供の違い）や化石化の過程で起こる変形の影響の有無などについても考慮しなければならない。こうした諸々の問題と向き合いながら同定するときの具体的な作業と言えば、個々の骨の形やら個数やらプロポーションやら、相当マニアックな知識

定性的
データの種類や分析方法の種類で、直接数値で表現できない性質であること。なお、長さや重さなどのように数値で表現できることは「定量的」と表現する。

と情報に基づいて、「ひたすら比較していく」としか言いようのないものである。

身近な植物や虫の種類を調べるときに、「葉の縁が丸いか、ギザギザになっているか」「触角が長いか、短いか」というような質問に従って矢印をたどり、その生物の名前を導きだす同定ガイドを使った経験がある方もいらっしゃるだろう。形態の違いを使って化石脊椎動物の分類学的な同定を行う作業は、この同定ガイドを自分で作っていく作業であるとも言える。また、新聞や雑誌などでよく見かける、一見したところ同じような絵が複数並べてあるところで違いを見つけるパズルの「間違い探し」に近い作業でもある。化石の同定とパズルの間違い探しの違いは、そもそも違いがあるのかわからないこと、比較の対象がわかりやすく隣に並んでいるわけではないこと、脳やノートやパソコンにバラバラに収まったスケッチやメモや文献データから比較するデータを見出さなければならないこと、同定する化石と比較の対象である種の両方とも五体満足な状態でデータがそろっていないこと、などである。

このようにして同定を行ううえで最強の武器となるのが、同じような生物の化石を研究した先人の記載論文である。今日《こんにち》の首長竜研究で用いる論文でいちばん古いものは、19世紀の前半に出版されている。昔の研究者は現在よりずっと少ない科学的知見を手がかりにして試行錯誤を繰り返していたわけであるから、当然のことながら古い文献の解釈や結論を鵜呑《うの》みにすることはできない。しかし、ちゃんとした記載論文であれば、化石の形そのものの記載は非常に正確かつ精緻《せいち》であり、見たこともないものの形を第三者に伝えるという役割を論文出版から百年以上経っていても果たす。また、先人達も自分の化石標本をほかの化石と比較しながら同種なのか新種なのか、この椎骨が背骨のどの部分なのか、といったことに頭を悩ませながら記載しているので、論文には骨格のどの部分に共通点や相違点が見られるのかが説明されている。

最近の古脊椎動物の研究では、近縁な種類の動物たちの進化の道筋を推定するために系統解析という手法がよく用いられる。動物の種や個体を「行」に、形質（骨の形の特徴）を「列」にしたデータマトリクスと呼ばれる二次元の行列を作り、コンピューターでアルゴリズムを使って系統樹（進化の枝分かれパターン）を作らせる、という手法である。自分が同定したい化石に近い動物に対して系統解析が行われていれば、そのデータマトリクスを使うことで、比較がずいぶん楽になる。私はフタバスズキリュウが含まれるエラスモサウルス類の系統解析を博士論文で扱っていたので、ほかならぬ自分が作ったデータマトリクスをフタバスズキリュウの研究の下地として使うことができた。

大学院生時代に北米やヨーロッパの博物館を回って集めた主要なエラスモサウルス類標本のデータをベースに、私はフタバスズキリュウに見られる特徴がどのくらい普遍的

アルゴリズム
計算手順や処理手順のこと。算法ともいう。

なのか、それとも珍しいものであるのか、ということを調べた。文字通り、それぞれの標本の頭から尻尾までの骨の形をフタバスズキリュウと比較していったのである。新宿の科博で実物の標本を観察しながら「これって○○サウルスの標本でも見たかなあ」などとモヤモヤ考えていたことを文献や自分が取ってきたスケッチや写真や測定値と比較して確認することもあれば、カナダに帰って自分で描いたフタバスズキリュウのスケッチや写真を見ながら「これって珍しくない？」と思いついて調べることもあった。

なお、フタバスズキリュウが新種であることがわかった瞬間はいつで、そのときはどんな感じだったのか、ということを尋ねられたことがある。大変申し訳ないが、突然立ち上がって「こ、これはっ！」と叫ぶようなドラマチックな瞬間があったわけではない。前述の❶〜❿の特徴のうち、❶〜❸は見慣れない特徴であったのでわりと早い段階で気がついたが、頭蓋骨や間鎖骨や大腿骨が見つかっていない種が多いため、それだけで新種であると納得することはできなかった。そして、私が記載論文を書くときは、書きながら自問自答を繰り返して結論にたどりつくことが多い。論文を書き始めた時点では仮の結論があるが、その結論を支える根拠となる情報やロジックに対して、自分で反論や異なる解釈の可能性を探していくのである。恐れるべきは結論ありきの先入観であり、こいつは本当に眼を曇らせて頭をフリーズさせてしまう。そのため、ときには「やっぱり違うかも」「この情報が足りないと断言できないな」などと、共著者にも助言を仰ぎながら躓いたり後戻りしたりしながら進む。そのため、原稿を書き終わるまでは、自分の結論に対して半信半疑なのである。フタバスズキリュウの場合も、私が新属新種の首長竜であると確信を持ったのは、投稿用の原稿を書き上げたときであった。

行き先を求めて〜ポスドクの職探し〜

記載論文の形をした最初の原稿が書けたのは、初夏のころであった。日本にいる真鍋先生と長谷川先生に原稿を送ったり、自分でも議論を深めるための情報を集めたりする必要を感じたりしていたが、その後はフタバスズキリュウの研究に集中することはしばらくできなかった。こんなに重要な標本を研究していたのに集中していなくて申し訳ないような気分になるが、ティレルでの雇用が9月で切れることがわかっていたため、ティレルで与えられていた研究テーマと職探しを優先していたのである。当時も現在も多くの非正規・有期雇用の研究者たちは、近い将来に食いっぱぐれる恐怖感に苛まれながら公募書類の作文に勤しみ、その一方で一刻も早く研究成果を出すことを求められている。私は一度に3つも4つものことに没頭できる能力も体力も持ち合わせていなかったのである。

ポスドク（博士研究員）という職は期限つき雇用であるため、期限が切れれば次の就職先を探して移らなければならない。そのため、常勤の職を得るまでは勤務しながら就職活動を続けるのである。私のような古生物学者の場合、常勤としての就職先は実質的に大学か博物館の二択であったが、いずれも定年退職や転職で空きができないと公募が出ない職種である。つまり、企業や公務員などのように毎年一定数の求人があるわけではなく、年間を通じて不定期にポツンポツンと出される公募にひたすら応募し続けなければならない。現在も若手研究者の雇用は深刻な問題になっているが、私が博士課程を修了したころにはすでに顕在化しつつあった問題である。研究者が多い分野は、それなりの数の求人があるだろう。しかし応募書類を作る回数も落選通知を受け取る回数も多くて疲弊し、応募者も多いために倍率が高くなるのではないだろうか。一方、古生物学のように研究者が少ない分野では、求人自体が稀なのでやっぱり倍率が高いうえに、競争相手のほとんどが同年代の知り合いという、わりとメンタルに堪《こた》える状況に陥る。

公募に応募するためには、履歴書に加えて研究業績をリスト化し、着任した後の抱負を作文し、推薦状や推薦者の連絡先を添えて提出するのが一般的である。この応募書類の作成を通じて、私は日本と北米の考え方の違いを嫌というほど実感させられた。日本では履歴書に写真を貼ることや年齢や性別を表記することは当たり前であるが、北米では選考に際して差別につながる恐れがあるために要求されない。また、応募資格に年齢制限があることが多いため、留学や留年の影響で日本の典型的な修学スケジュールより遅れていた私は、20代がターゲットになる大部分の博物館の求人には応募資格すらなかったのである。北米では一度社会に出たり子育てを終えたりしてから大学や大学院に戻って勉強することは珍しくないし、大学院の最低修学年数（修士は2年、博士は3年）というのはあくまで目安であるために、一緒に入学しても卒業する時期はバラバラであることはよくある。そのため、就職活動が本格化するまで私も年齢を意識することはほとんどなかったのである。

もう一つ困ったのが、履歴書に学歴・職歴を書く欄の数であった。私は留学して日本とは始業・終業時期の異なる制度の下で学んでいたこともあって、学部の修了月と修士課程の開始月、修士課程の修了月と博士課程の開始月、博士課程の修了月と学位授与月の間に何か月かのギャップがあり、その期間は研究員などの肩書で研究を続けていたため、学歴・職歴に書く項目が恐ろしく多いのである。この経歴リストはポスドクとして流浪《るろう》の民の生活をする間にどんどん長くなる一方で、通常の市販の紙の履歴書には入りきらなくなることが多々あった。当時は電子版の履歴書もあまりなかったし、「履歴書は手書きでなければならない」というプレッシャーがあった時代である。学歴・職歴欄が多い書式を自作してはいけないような気がして、私は日本に帰国するたびに、少しでも学歴・職歴の項目が多い履歴書を探し回るようになっていた。

さよなら、アルバータ

そんなある日、北海道大学で生物科学と地球科学の様々な分野を含むプロジェクトが10月着任予定で多数のポスドクを募集していることを知った。正確な時期は記憶していないが、すでに夏になっていたと思う。詳細は後述するが、ちょっとした一捻りを経て私は運よく採用されることになった。かくして私は博士課程入学から数えれば5年に及んだアルバータ州での暮らしに別れを告げ、2003年の9月末に日本に帰国した。引っ越しで荷物をまとめる際、ティレルに置いてあった研究に使う文献や書籍などは段ボール箱で30箱くらいになったのに対し、自宅から日本に送った荷物は5箱くらいしかなかった。カルガリー大学の寮に住んでいたときに使っていたテレビや台所用品などはほとんど売ったり人に譲ったりしており、ドラムヘラーではカリー先生のお宅に下宿していたので、衣服と本くらいしか自分の持ち物がなかったのである。

帰国が決まったときは、慣れ親しんだ人たちや環境との別れを思って言いようのない寂しさが募り、この5年でカナダでの生活にすっかり順応していたことに改めて気づかされた。もっとも、人間であれば離れていてもコミュニケーションをとることができるし、研究仲間であれば学会や調査研究で顔を合わせる機会もある。別れは一時的なものであり、次に会ったり連絡したりする将来を楽しみにできると、前向きにとらえてもいた。また、自分が心血を注いで研究した標本も研究が終われば自分の手を離れるが、博物館などに半永久的に保存されるので、私が生きているうちは見に行くことができる。だから、特定の人やモノを日常的に見聞きできなくなる寂しさはあっても、本質的な別れではない。「さようなら」ではなく「またね」である。

しかし、カリー夫妻の愛犬セブンと別れるときはとても辛かった。セブンは私が博士論文執筆で苦しんだときや、課程修了直後に行く予定だったオタワでのポスドクの話がダメになって落ち込んでいたときにも、傍にいた犬である。研究以外の生活では、人間の誰よりも長い時間を共に過ごした。しかしそれなりに年をとっていたため、再会できない可能性もあるということを覚悟しなければならなかった。カリー家を去るとき、「日本に帰るから次にいつ会えるかわからないし、もう会えないかもしれないのよ」と言いながら、庭の出口にしゃがみこんでメソメソしている私を前にして、セブンは困ったような顔でじっと見ていた。しかし、私が泣くのも出かけるのも見慣れていたせいか、私が立ち上がって歩き始めると、セブンはさっさと庭の木陰に移動して腹這いになった。そして、いつもと同じ「またお留守番か」と言わんばかりのつまらなさそうな顔で見送ってくれた。

また、博士課程の2年目からカナダとアメリカを一緒に走り回った愛車を知人の知り合いに売ったときも悲しかった。私のアルバータでの生活はこの車がもたらしてくれた移動の自由なしでは考えられない。人気のないところでパンクして自力でタイヤをつけ替える羽目になったり、雪道でスリップして側溝に落ちたり、冬に洗車したら運転席のドアが凍って開かなくなって助手席から脱出したりと、様々な得難い経験でも鍛えてくれて、苦楽を共にしたパートナーであった。大量生産された無機物であるが、ほとんど人間であるかのような感覚を持っていたと思う。まったく知らないところへ送り出したわけではなかったが、車は持ち主が容易に変わるし耐久年数もあるので、手放せば二度と会えない可能性が非常に高く、新しい持ち主が運転して走り去る姿を見送りながら涙が止まらなかった。

残念なことにセブンと車についての予想は的中し、セブンは私が帰国して3か月ほどで亡くなり、車もしばらくして別の人の手に渡ったと聞いた。

昆虫学者のもとで

2003年の10月から半年間、私は北海道大学でCOE研究員という肩書のポスドクとして勤務することになった。COEとはCenter of Excellenceの略称で、当時は大規模な学術研究拠点のプロジェクトを国内の様々な大学や研究機関に作る「21世紀COE」という文部科学省の事業があった。理系・文系の様々な研究分野のCOEが数多くのポスドクの受け皿になっていたのである。

私が雇用されていたCOEの正式名称は『新・自然史科学創成』というものであった。「自然史（あるいは自然誌）」とは、自然によってもたらされるモノ（動植物や岩石鉱物など）の多様性とその起源・歴史を示す言葉で、英語のnatural historyの直訳である。「自然史科学」よりも「博物学」という言葉のほうがしっくりくる、という方もいらっしゃるかもしれない。学問の細分化が極端に進んだ結果、現在では専門が異なる自然史の研究者どうしでは、お互いが何をやっているのかを理解することすら難しくなっている。そこで、関連する異分野をまたいで自然史の統合的な発展を目指すことを目的に、北大に在籍する生物学と地球科学の様々な研究者が集まってこのCOEが作られたのであった。正直なところ、職探しに血眼になっていた私には、このCOEが掲げていた高尚な目的はよくわかっていなかった。30代で爬虫類化石の新米研究者という、当時の日本ではほとんど需要がない属性を持っていた私でも応募できる数少ない研究職の公募、ということしか目に入っていなかったのである。しかし、古生物学は生物科学と地球科学の境界にあり、博物館と極めて繋がりが強い自然史科学の見本のような分野であることから、喜び勇んで応募することにした。

しかし、困ったことが一つあった。このCOEには大型化石を扱う古生物学者が含まれておらず、受け入れる研究者がいてくれなければ応募のしようがなかったのである。また、様子を探るために相談できるような知り合いも含まれていなかった。とりあえず、COEのメンバーで多少なりとも関連しそうな研究領域の教員の何人かに応募の意思を伝えるメールを送ったが、残念ながら反応は芳しくなかった。ところが、ここで私には思いがけないところから救いの手が差し出された。COEとは関係のない古生物学者と、首長竜とは無縁の昆虫学者である。

当時の北海道大学博物館にいらっしゃった箕浦名知男《みのうらなちお》先生は、魚竜などの研究がご専門であり、私がカルガリー大学にいたときにカナダでの化石の発掘でご一緒したことがあった。箕浦先生はCOEのメンバーではなかったが、私が応募の意思を示していることをどこからかお聞きになり、COEのメンバーで同じ博物館に勤務する昆虫学者の大《おお》原昌宏《はらまさひろ》先生に紹介してくださった。大原先生のご専門はエンマムシという現生の小さな甲虫であって、首長竜との共通点は皆無である。しかし、博物館の所蔵する自然史資料を活用するという観点から、受け入れに同意してくださったのである。最初に受け入れを打診されたときには大原先生もさぞびっくりなさったことと思うが、昆虫学者が化石爬虫類屋をポスドクとして受け入れてくださったおかげで、私はティレル博物館での雇用が切れる前に次の行き先を確保して食い扶持をつなぐことができた。

新しい勤務先である北海道大学は札幌駅から歩いてすぐのところにあり、私は少し離れたところにアパートを借りて、地下鉄で通った。半年の滞在期間で知ることができたのは札幌の街のごく一部分ではあったが、カルガリーと東京のいいとこどりをしたような街で、とても住みやすかった。道が碁盤の目のようで住所がわかりやすく、徒歩と公共交通機関で行ける範囲で生活に必要なものは手に入り、東京ほど混雑していないし、カルガリーほど寒くない。その一方で、ニシンの漬物やスープカレーを食べ、凍ってつるつるの道をおしゃれな靴で疾走する女性などを見るたびに、新天地の個性を感じて喜んでいた。

エンマムシ
昆虫綱甲虫目エンマムシ科に属する、体長6～12ミリほどの昆虫。種類が多く、腐敗物や糞に集まって蛆を食べるものや、キノコに集まってキノコバエを食べるものなどがいる。

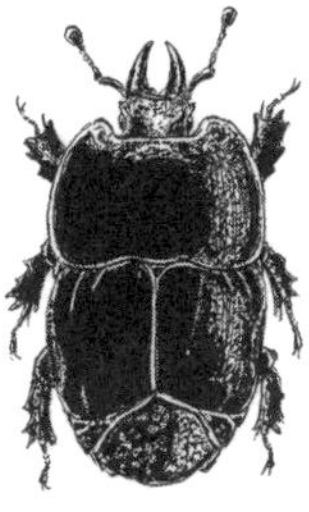

ニシンの漬物
北海道の名物で、ニシンのほかキャベツ、ニンジン、大根、白菜などを漬け込んだ保存食。米麹を使い、発酵させるのが特徴。東北でも食べられる。

「試される大地」で原稿書き

北大では、大学博物館の3階に自分が一人で使える部屋をいただいた。選択肢をいくつか示され、私は「広くて大きなテーブルに資料を広げられる」という理由で何の迷いもなくその部屋を選んだのであるが、ちょっとした欠点があった。天井が非常に高くて、廊下側の天井近くについていた窓の一つが壊れて閉まらなかったので、部屋の暖かい空気が非常に効率よく廊下に流出していたのである。おまけに、当時は平日の夕方6時くらいになると建物全体を暖める暖房が切られて、買っていただいたストーブが全力で頑張ってもたかが知れていた。週末に至っては1階の展示エリアにしか暖房が入らなかったので、ときどき階段のところに行って下から上がってくる暖気にあたって一息入れたりしていた。ちなみにカルガリーもドラムヘラーも冬の気温は札幌より低いが、私は寮や民家でも冬は24時間暖房がつけっぱなしのところにしか住んだことがなかった。そこそこの頻度でマイナス20度になるカナダの厳しい気候では、暖房を切ると一晩で建物の内部が凍りついて使い物にならないのではないかと思う。

凍てつく北の大地に生きる野生動物や暖房のない時代の人類の強さに思いを馳せながら、私は出張などで留守にしているとき以外は、週末を含めてほぼ毎日朝から夜までこの寒い研究室で過ごした。週末はコートを着て手袋をしたまま、白い息を吐きながらキーボードをカシャカシャ言わせていた。仕事に必要な論文や写真などの資料が電子化されていなかったので、研究室でなければ研究ができなかったこともあるが、寒い寒いと文句を言いながらも、大きなテーブルに資料を置きっぱなしにできて、一人で気ままに過ごせるこの環境が、じつは気に入っていたのである。寒さに苦労していた話は自慢の鉄板ネタで、今でも懐かしく笑える思い出になっている。何とかは風邪を引かないというが、頭はとにかく体が頑強でよかった。

そして、北大の先生方や仲間のポスドクや学生たちは、離れた部屋で一人で首長竜の研究をしている新参者に声をかけて、研究の便宜を図ったり食事や飲み会に誘ってくれたりして、孤立するリスクを防いでくれた。研究員として日本で働くのは初めてであり、諸々の事務手続きや研究者の人間関係については何も知らないくせに、自己主張だけはめっぽう強い洋行帰りであったせいか、関係者にはご苦労をおかけしたものである。派手な地雷を踏んだときは、何の落ち度もない大原先生が一緒に先方に謝りに行ってくださったりした。私の勝手な印象ではあるが、北海道は細かいことを気にしないところというイメージがある。そして私自身の面の皮の厚さも手伝って、逆カルチャーショックを受けずに済んだのだろう。諸事お作法にうるさい環境で一人ぼっちにされていたら、耐えられなかったのではないかと思う。

この北大滞在時に、私はフタバスズキリュウの投稿用原稿を書き上げた。初稿を書いた時点で詰め切れていなかったデータの補完や共著者との相談のために東京に気軽に出かけることもできたし、日本で出版されたデータを図書館や知人の伝手で簡単に手に入れることもできたので、リアルタイムでサクサクと作業が進んだ。北大での勤務期間も半年だけであったが、幸いなことに4月以降の行き先が前半で決まったため、精神的に安定して取り組めたことが大きかったと思う。次も任期つきのポスドクであったので常勤職への応募と落選は相変わらず続いており、並行してほかのプロジェクトにも取り組む忙しさは変わらなかった。

半年間を過ごした北大時代。この地でフタバスズキリュウの最初の原稿を書き上げた。

しかし、ドラムヘラーで先がまったく見えずに右往左往していたときに比べれば、精神的なゆとりがまったく違った。

北海道のキャッチフレーズは「試される大地」であるが、確かにいろいろ試された。そして、試されたことにもその結果にも、非常に満足している。

果報は寝て待つ

名づけ親になる

記載データを取り始めてからほぼ1年後の2004年3月中旬に、「フタバスズキリュウは新属新種の首長竜であり、*Futabasaurus suzukii*（フタバサウルス・スズキイ）という学名をつける」とする佐藤・長谷川・真鍋の共著論文を投稿した。投稿先は、イギリスの古生物学会が出版する『Palaeontology』という専門誌であった。当時は紙媒体から電子媒体への移行期であり、本文や図表のファイルを焼いたCDを紙原稿に添えて、航空便で北大からイギリスまで郵送した。4月からはカナダに戻って別のポスドクが始まる予定だったので、引っ越しの準備で慌ただしい時期であった。

新属や新種の学名をつける際には、国際動物命名規約という規則に従う必要がある。学名は学問の世界で国際的に使われる唯一の名称であり、一つの学名は一つの生物にしか使えないし、一つの生物に複数の学名がつくことはない。そのために、学名が満たす

国際動物命名規約
International Code of Zoological Nomenclature
動物命名法国際審議会によって定められている、動物の学名を決める際の国際的な規範。

べき条件（アルファベット表記、ラテン語化、命名に必要な手続き）や、一つの学名が複数の生物に使われたり、一つの生物に複数の名前がついたりした場合の優先順位のつけ方などが細かく決められている。そのため、自分で候補の名前を考えてから問題がないかどうかチェックする必要がある。

*Futabasaurus suzukii*という名前を提案したのは私であるが、共著者の長谷川先生と真鍋先生からも特に異論はなく、あっさり決まったと記憶している。日本で親しまれている「フタバスズキリュウ」という名前を生かした名前にしたかったから、というのがいちばん大きな理由であった。「リュウ」は*-saurus*という言葉になるので、サウルスの前を「フタバ」にするのか「スズキ」にするのか少々迷った末に「フタバサウルス」を選んだ。その理由は、学術論文の表記で略称になってもほかの首長竜と区別しやすいからである。学名は往々にして長いので、学術論文では属名の頭文字のみを用いて省略することがよくある。つまり、*Futabasaurus suzukii*であれば、*F. suzukii*になる。首長竜にはFで始まる属名が少ないうえに、さらにその後ろにsuzukiという非常に日本的な苗字にちなむ名前が続けば、学名が略称で書かれても「あの日本で見つかった首長竜ね」と識別されやすいと考えたのである。なお、末尾にiが2つ並ぶ理由は、「男性の鈴木氏」であることを示すためのラテン語の語尾変化によるものである。

命名に関して特に注意を要する点が2つあった。1つは、フタバスズキリュウにはインフォーマルに*Wellesisaurus suzukii*という学名が提案されたことがある、という点である。フタバスズキリュウが発掘されて間もなくのころに助言をくださったアメリカ・カリフォルニア大学のサミュエル・ウェルズ先生に献名するという趣旨で、フタバスズキリュウが新属新種であることを前提に提案されたとのことである。しかし、国際動物命名規約で定める記載論文が出版されたことはなかったため、学名としては無効であった。さらに運の悪いことに、この名前はあたかも正式な学名であるかのような誤解を与えかねない形で出版物に掲載されたことがあり、うかつに使うと混乱を招くことも予想され、避けるに越したことはないと判断した。そしてもう1つ、フタバリュウというニックネームのついた恐竜化石があり、この名前をそのままラテン語化すると「リュウ」が*saurus*になるので*Futabasaurus*になってかぶってしまう、という問題もあった。この化石は獣脚類恐竜の脛骨の一部であるが、じつはこちらも新属として学名をつける正式な手続きは踏まれていなかった。つまり、*Futabasaurus*という学名は、正式にはどの動物にもつけられていなかったのだ。そのため、フタバスズキリュウに使うことができた。

ちなみに、「自分や共著者の名前をつけたいと思わなかったのか?」と尋ねられたこ

サミュエル・ウェルズ
1907-1997年。古生物学者。カリフォルニア大学バークレー校の古生物学博物館主席研究員などを務めた。北アメリカ、ニュージーランドなど、世界各地で数多くの海生爬虫類の発掘調査を行い、首長竜については分類、系統図などを作成し、研究の基礎を作った。アジア初の首長竜であるフタバスズキリュウ発見の際には、国立科学博物館や、いわき市の発見場所などを訪れ、アドバイスを行っている。

ともあるが、そういう発想はまったくなかった。命名規約上は著者の名前をつけても問題ないので、もしかしたらそういう研究者もいるのかもしれないが、献名は他人にしてもらうものであり、自分に献名するなんて恥ずかしくてできない、というのが私を含む多くの研究者の考えることではないかと思う。それに、そもそも自分以外のものに自分の名前をつけるという感覚は私にはない。この首長竜に誰かにちなんだ名前をつけるとしたら、どう考えても発見者である鈴木さんであろう、というのが私の考えであった。論文の著者名は命名者として残るので、それで充分である。

さて、*Futabasaurus suzukii*という名前を与えたところで、元からついていた「フタバスズキリュウ」という名前はどうなるのか、ということも気になった。国際動物命名規約はあくまで学名について適用されるものであり、日本語の名前（和名）には関係しない。日本で爬虫類化石が見つかると正式な記載や同定の前にニックネームをつける習慣があり、「フタバスズキリュウ」もそのようにつけられた名前であるため、この名前は種ではなく個体に与えられたとも考えられる。つまり、人間で言えばホモ・サピエンスという種の一個体につけられた「佐藤たまき」という名と同じ扱いとも考えられるのではないだろうか。その一方で、「ピー助はフタバスズキリュウ」という表現を耳にしたことがあるような気がするので、種や属の名前として認識している人もいるのかもしれ

ピー助は
フタバスズキリュウ
藤子・F・不二雄の漫画『ドラえもん』のエピソードの一つに、ピー助と名づけられた首長竜が登場する。この首長竜がフタバスズキリュウであり、のちに映画『ドラえもん のび太の恐竜』でも描かれた。世代を超えて親しまれているキャラクターである。

ない。規則のない状態ではどうしようもないが、学名の著者である私たちとしては、フタバスズキリュウは*Futabasaurus suzukii*の和名として、長年親しまれた名前を残すことを論文出版時の記者発表で提案した。爬虫類の和名の命名については規則がないので手続きの取りようがないが、この提案は受け入れられたと理解している。

査読結果を待つ～再びカナダへ～

フタバスズキリュウの記載論文を投稿してしばらくすると、編集部から原稿の受け取り通知がメールで届いたが、その後はしばらく音沙汰がなく、私も特に何のアクションも取らずに気長に待っていた。

Palaeontology誌を含む多くの学術専門誌では、査読と呼ばれる審査が行われている。投稿された論文は、その研究に関わっていない第三者である専門家による審査を受けて、その審査結果に基づいて雑誌の編集長が掲載の是非を判断するのである。この専門家による審査を査読と呼び、編集長は「受理 accept」「修正を要求 major/minor revision」「掲載を拒否 reject」のいずれかの判断をする。大抵の場合、編集部から原稿が査読に出されて査読結果が編集部に戻ってくるまでには何週間かかかり、著者はこの間はひたすら待つしかない。

ちなみに、この査読を経て受理・出版に至った論文を「査読付き論文」といい、研究者の業績評価では査読付き論文の本数や掲載誌のランクが重視される。余談であるが、論文を出版しても原稿料や印税をもらえるということはまずない。それどころか、投稿料が課されることもあり、査読者もボランティアである。学術雑誌の編集母体が学会などの学術団体であれば、編集長や編集委員もボランティアである。私は古生物学や地質学以外の分野の出版事情の詳細は知らないが、少なくともこの分野の学術研究の根本をなす査読システムを支えているのは、金銭欲でも名誉欲でもない。真理を探究したい世界中の有名無名の研究者たちの相互扶助精神である。

さて、このころの私は、再びカナダに戻っていた。3月末で北大ＣＯＥ研究員としての雇用は切れ、4月から日本学術振興会の海外特別研究員という制度のポスドクとして、オタワのカナダ自然博物館に2年間滞在して、ティレルでもお世話になったシャオチュン・ウー先生の元で、カナダの北極圏で発見されたジュラ紀の首長竜を研究することになったのである。このポスドクは、カルガリー大学の博士課程修了直後に学位記の日付の問題で一回おじゃんになって泣かされたものが、再挑戦して今度は無事に採用されたのであった。また、ジュラ紀の首長竜に加えて、中国の三畳紀の海生爬虫類や白亜

カナダ自然博物館のラボにて。私の後ろに、カナダの北極圏で発見された首長竜化石の頭が置かれている。

紀の恐竜化石の研究に加えていただいたり、博士論文の一部を出版する準備を進めたり、ウー先生の同僚で魚類化石がご専門のスティーブ・カンバ先生が行っているマニトバ州での野外調査に参加させていただいたりして、ありえないほど充実した研究生活を送ることができた。

カナダ自然博物館の展示施設はオンタリオ州オタワにあるが、研究施設はオタワ川の対岸のケベック州ガティノーにある。私は研究施設が近くて家賃も安いケベック州側にアパートを借りて住んだ。カナダの公用語は英語とフランス語であることはご存知の方も多いと思うが、それは国としての公用語で、各州には州の公用語があって、英語かフランス語のどちらかであったり、二か国語以上だったりする。ケベック州の公用語はフランス語のみであるため、州の発行する運転免許証などの公的な書類は、基本的にすべてフランス語である。一方、オンタリオ州の公用語は、カルガリーとドラムヘラーのあるアルバータ州と同じく英語である。もっとも、オタワとガティノーは一つの経済圏をなしているため、経済活動やサービス業のスタッフはほぼバイリンガルであり、英語が使えればそれほど不便は感じない。また、博物館の研究環境は英語だけでもまったく問題なかった。しかし私は新しい言語に触れる機会があることが嬉しくて、書類やテレビを相手に辞書を広げて頭を捻り、スーパーのレジでボンジュールとメルシを連呼しながら、馴染んだカナダの「異国」を楽しんでいた。

こうしてオタワでの生活を人の何倍も満喫していたので、フタバスズキリュウの投稿原稿の査読を待つ間も何かと忙しく、それほどジリジリしていたわけではない。とはいえ、夏の野外調査シーズン前には査読結果が届くであろうと見込んでいたのに、そのころにもまったく音沙汰がなく、さすがに心配になって8月上旬に問い合わせの連絡をPalaeontology誌の編集部に送った。すると、編集部や査読者の事情でまだ時間がかかりそうとの返信が来た。競合する研究者数が多かったり経済的な実利に直結したりして競争が厳しい分野では考えられない遅さであろうが、研究者が少ない分野では、公平な査読ができそうな査読者を探して引き受けてもらうことからして大変であるため、ここは気長に待つしかない。それに、私自身が、問題点を指摘されて修正や反論を重ねることで原稿も研究者自身も鍛えられると考える人間である。厳しい批判でもきちんとした査読を受けるほうが、早いだけで中身のない査読よりも、長い目で見れば望ましい結果が得られる。事実、査読で褒めちぎられても、嬉しいだけで原稿の改善には何の役にも立たない。幸いなことに、一刻を争って出版しなければ誰かに先を越されるという状況でもなかったので、カナダの首長竜や中国の恐竜についての研究に取り組みながら、フタバスズキリュウについてはしばらく待つことにした。

しかし、夏が過ぎてもなかなかPalaeontology誌からの連絡は来なかった。夏は野外調査シーズンで研究者は留守がちであり、9月初めには日本以外の大部分の大学で新学期が始まって大学教員は忙しくなることはわかるし、自分自身もほかのプロジェクトで忙しかったのでひたすら待ったが、投稿から半年が過ぎた10月になるとさすがに耐えきれなくなり、再度問い合わせた。するとしばらくして待ちに待った査読結果を伝えるメールがようやく届いた。

研究者がいちばん緊張する瞬間の一つが、投稿論文の査読結果通知を読むときではないかと思う。このときの私も、恐る恐るスクロールしてメールを読んだ。そこには、査読者二名からそれなりの量の修正や補足を要求されているので対応せよ、と書かれていた。一発合格であれば格好良かったのであるが、専門誌の査読結果として修正の要求はおそらくもっとも頻繁に見られる回答であり、私たちの原稿が主張する新属新種であるという結論には問題がなさそうなので、とりあえずはほっとした。大学で試験を受けて、素晴らしい出来というわけではないが単位は取れそうだ、くらいの感覚である。この時点で私は、研究開始から出版に至るまでの道のりでいちばんの難所を超えた、と感じた。

しかし、査読者の指摘に同意する箇所は必要な情報を集めて修正し、そうでなければ論理立てて反論しなければ受理されないので、レビジョン（revision 編集長や査読者のコメントに従って原稿を修正したり、修正指示に納得できない場合は反論したりするための回答の作成）にはそれなりの時間と労力を要する。そこで私は直ちにレビジョンに取りかかった。

カナダのマニトバ州で行われた野外調査に参加（お隣はカンバ先生）。査読を待つ間も忙しかった。
2004年夏に撮影。

レビジョン

フタバスズキリュウの記載論文の査読者は二名いて、それぞれ非常に細かく論文をチェックしてくださっていた。指摘された点は、学術的な詳細（図の構成、比較した首長竜が産出した外国の地層に関する研究のアップデート（その地層の年代などについて論じた、私たちが見落としていた新しい論文があった）、日本産のほかの首長竜化石とのより詳細な比較など）から英作文の添削まで様々であったが、全体的には文章と図を減らしてもっと簡潔にまとめることが求められていた。

学術論文を書き始めたばかりの初心者にありがちなパターンとして、知っていることや思いついたことを全部書き連ねた結果、話があちこちに飛び散って冗長になり、読んでも何が言いたいのかさっぱりわからない、ということがある。また、学術研究を一般向けに紹介する書籍や博物館の展示などでは、専門用語を避けて詳細を省いて簡略化・一般化することが必要になるが、専門家同士のコミュニケーションの場である学術論文では、専門家から見た簡潔さと正確さが求められる。たとえば、既存の出版物に出てくる専門用語や仮説については、「この言葉・仮説については、○○が何年に出版した論文を参照せよ」の一言で終わることが大部分であるし、専門家であれば知っていて当たり前な話であれば、わざわざ説明しない。その一方で、研究者によって意見が分かれるトピックについて論じる際には、「○○のこういう意見に対して××はこういう理由で反論しており、私たちの研究によって得られたデータは○○の考えを支持する」といった形で、かなり具体的な情報を提供しなければならない。また、一つの論文のなかで同じ話を繰り返すことを避けつつ文章を短くまとめるため、情報を出す順番についてはかなり頭を使う。そして、これは学術論文に限らず英語の文章全般に言えることであろうが、同じ言葉や構文の繰り返しは嫌われるため、代名詞や関係代名詞、類義語や対義語を駆使することになる。

フタバスズキリュウの場合、初稿では失われた首の長さの推定方法を細かく説明していたが、結局のところ確実なことはわからないという理由で、修正稿ではバッサリ落とした。また、層序の説明のために作成した図は、「本文中の説明で十分である」というコメントに従って削った。その一方で、種の特徴を説明する部分は「A骨の形は本種に独特で、B骨の形で○○サウルスと区別され、C骨の形は××サウルスとは異なり、……」というような非常に具体的な表記に改め、日本産のほかのエラスモサウルス類との比較のために新しいセクションを設けたりした。こうして出来上がった修正稿は、論文の概要（アブストラクトAbstract）は初稿とほとんど変わらないが、論文本体はかなりあちこちを削ったり足したり、というものになった。新属新種という結論が一緒なら何をそんなに直していたのかと不思議に思われるかもしれないが、第三者の専門家に結論に至るまでの過程を納得できるように説明することが学術論文の目的である。「細かいことを気にする査読者に当たっちゃった」という思いもまったくなかったとは言わないが、二人の査読者のコメントによって論文の質が改善されたので、大変ありがたかった。

そこでサクサクとレビジョンが進めばよかったのであるが、困ったことにこの時期にはオタワでのほかのプロジェクトが佳境を迎えていて、不届きなことにフタバスズキリュウに手が回らなくなった。特に大変だったのは、中国で見つかったオビラプトロサウルス類の研究である。母親の体内に卵が入った状態で見つかった非常に珍しい化石の研究で、ウー先生から「やってごらん」と突然パスが回ってきた。これは私にとっては恐竜論文のデビュー戦であり、そのために大量の文献を読み込む必要があった。短期決戦のプレッシャーも相まって、この件一本に没頭しないととても片づけられなかった。首長竜の研究者としては非常に不本意ながら、当時の私の頭の中には二本足の鳥のような恐竜が朝から晩まで走り回っていたのである。なお、この卵入り恐竜についての短い報告は『サイエンス』という有名誌に受理され、投稿から査読・レビジョンを経て受理

オビラプトロサウルス類
比較的鳥類に近い、主に小型の肉食恐竜。羽毛を持っていたと考えられており、化石から抱卵していたことが指摘されている。

されるまで1か月半という、通常の記載論文では考えられないスピードで決着がついた。私はつくづく標本運のいい人間である。

このように一時隅に追いやられてしまったフタバスズキリュウ論文であるが、2月初めに投稿した恐竜論文が3月中旬に受理されたのとほぼ同じころ、ようやくレビジョンを投稿することができた。そして、今度こそ受理されると思ってワクワクしながら待っていると、「2か月前に投稿規定が新しくなったのでフォーマットを変更してほしい」という思いもよらない依頼が来た。最後まですんなり終わらせてくれないなあ、と苦笑したものである。化石が発見されてから30年以上が経ち、論文の執筆を始めても私の引っ越しが続いてなかなか捗らず、ようやく論文を投稿してからもいちいち躓き、何かとエピソードに事欠かないプロジェクトであった。この辺までくると自分でも感心してしまい、「まだ何かあるかもしれないなあ」と変な予想をする始末であった。

受理、そしてさらに1年

待ちに待った受理通知は、2005年5月18日付で届いた。これをもって「フタバスズキリュウは新属新種 *Futabasaurus suzukii* である」という結論が認められたことになるので、フタバスズキリュウを記載するという私の仕事は、この時点で実質的に終了した。2003年の春に研究に取りかかってから2年が過ぎていた。

原稿が受理されたときは非常に嬉しかったが、特に大きなお祝いや発表はしなかった。なぜなら、学名は出版されるまで有効にならないので、うかつに先走って発表すると、命名規約を知らない一般の人たちを混乱に陥れる恐れがあると判断したからである。学術論文では受理から出版までにタイムラグがあり、フタバスズキリュウの場合は論文出版までにさらに1年を待たなければならなかった。投稿数の多い雑誌では、出版予定数に対して受理論文の数が上回ってしまうと、待ち時間が発生してしまうのである。ちなみに、1年という待ち時間は当時の古生物学の専門誌としてはごく普通の長さである。論文が出版されるまで新属新種 *Futabasaurus suzukii* という名前は有効にならないので少々もどかしい気もするが、待てば必ず出版されるので気楽に待った。

しかし、論文が受理されたという話がどこかで漏れたようで、ご苦労なことにカナダまで報道関係者から問い合わせがきたこともあった。「出版まで公表しません」という私のポリシーを尊重していただけたので幸いであったが、緘口令《かんこうれい》にご協力くださった報道関係者には、心からお礼申し上げたい。また、この時期に私が海外でほかの研究に取り組んでいたということも、出版まで情報の拡散を抑えるという意味では都合がよかったと思う。特に、卵を持ったオビラプトロサウルス類の話は一般にも学術的にも関心を持っていただけたため、私は一時的に恐竜屋に変身していた。おかげで首長竜の研究に関して質問されること自体が少なかったし、カナダ産の首長竜についての研究も成果が出始めていた時期であったので、首長竜について話すときにもフタバスズキリュウについては口を滑らせずに済んだ。

それに、論文が受理されても喜びに浸る時間が私にはあまりなかった。オタワでの海外特別研究員の任期が切れるまで1年を切っており、職探しに勤しむ必要があったのである。私は日本で就職する意思が強かったので、日本で出される公募に目を光らせ、関連しそうなものには片っ端から挑戦し続けていたが、すべて書類選考で落とされた。研究仲間には「ネイチャーとサイエンスに論文があって、海外学振もとっているのに、なんで就職できないの？」と不思議がられたが、当時の日本の研究者市場ではよほど好まれない属性を持っていたのであろう。専門分野が好まれなかったのか、流浪の民になっている履歴が不安視されたのか、性別や年齢のせいか、自己主張が強すぎるなどの人間性の問題か、当時もわからなかったし今もわからない。しかし、理由を知ったところで修正できるものは何もないので、受け入れてくれるところを探すしかなかった。フタバスズキリュウ論文が受理されたときには、2週間後に締め切りを控えたポスドクの応募書類をせっせと作っていた。これは日本国内の研究機関で研究する3年間のポスドクで、私は科博の真鍋先生を受入研究者として応募したため、真鍋先生との連絡もフタバスズキリュウより応募書類の話が中心になっていたように思う。

こうした状況で、論文受理後にフタバスズキリュウ周りは途端に静かになり、私の頭のなかでは控室に入ってのんびり出番を待っている、といったところであった。私自身がフタバスズキリュウの名づけ親になった、とはっきり実感できたのは、それから1年が過ぎて日本に帰国し、論文が出版されて科博で記者発表が開かれた2006年5月のことであった。

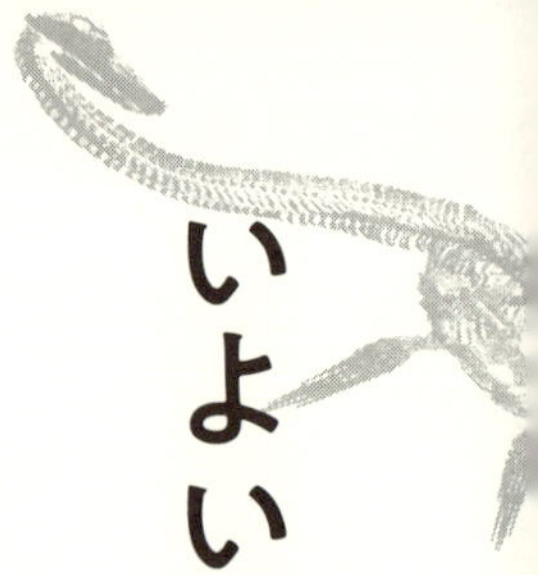

いよいよお披露目

記者発表

オタワでのポスドク勤務を終えた私は2006年3月末に帰国し、4月から国立科学博物館の新宿分館の真鍋先生の元で、日本学術振興会特別研究員ＰＤという制度を利用してポスドクとして働き始めた。博士号を取得してから4つめのポスドクで、毎回太平洋を越えて引っ越したことになる。新宿分館は、フタバスズキリュウの標本の調査も含めて学生のころから何度もお邪魔した施設である。また、実家から通えたので新居探しも不要で、新天地というより「ただいま」という感覚であった。

科博に着任した私の最初の仕事は、フタバスズキリュウの記載論文出版に合わせて開催されることになった記者発表とニュース展示の準備であった。論文が受理された後は頭がお留守になってしまっていた私とは対照的に、真鍋先生は着々と記者発表や展示の準備を進めてくださっていたようである。また、当時は科博の上野本館で大規模なリニューアルが進められており、フタバスズキリュウも新属新種としての命名を反映して、ここで装いも新たに展示されることになっていた。私が本腰を入れて準備に加わったのは4月であったが、このときにはすでに詳細を詰める段階になっていた。フタバスズキリュウの研究全体で言えることであるが、どうも私は最後の美味しいところを貰う役らしい。そもそも、ちょうど記者発表や展示のリニューアルの時期にポスドクとして科博に在籍していたというのも、これ以上望めないタイミングであったのではないだろうか。

記者発表とニュース展示の準備は、真鍋先生と私に加え、科博の研究協力室や広報担当職員、パネルなどを作成する会社のスタッフ、復元図を描くイラストレーターなど、多くの人が加わって何度も打ち合わせを繰り返しながら進められた。こうした打ち合わせに参加しているうちに、私はようやくコトの重大さを理解した。フタバスズキリュウを記載したことで、どうやら未知の世界に足を踏み入れることになるらしかった。それ以前にも自分の研究を紹介したり取材を受けたりしたことは何度もあったが、カメラが並ぶ記者発表は初めてだった。こう見えて気の小さい私は、標本だけでなく私にも注目が集まること、自分の予想よりはるかに大きな社会のリアクションが想定されていることを遅まきながら自覚して、嬉しいを通り越して縮み上がってしまったのである。ここで私がメインエンジンであれば失速しかねない状況だったが、幸いなことに、私の仕事はほかのスタッフが作成した資料の学術的な内容を確認することが中心であり、私の帰国から記者発表まで1か月半しかないという状況であるにもかかわらず、真鍋先生や関係スタッフの尽力で、準備は順調に進んでいった。

フタバスズキリュウの記載論文は5月19日付で出版される予定になっていたため、記者発表はそれより少し早い5月15日に開催されることになった。この日は月曜日で上野本館の休館日であり、一般向け展示の一角にパネルなどを設置して、報道関係者用の椅子をたくさん並べた会場が設けられた。論文の共著者である長谷川先生と真鍋先生が私と一緒に会見に出席し、化石の発見者である鈴木さんも会場に設置された大画面のテレビで福島からライブ出演してくださった。最初に真鍋先生が概要を説明し、長谷川先生が発掘などの経緯を説明し、私が新属新種として記載した根拠の説明をし、鈴木さんがコメントする、という順番で進んだように思う。具体的な数字は思い出せないが、ずいぶんたくさんの報道関係者にお越しいただき、熱心にメモを取りながらお聞きいただいた。

とんでもなく緊張していたせいか、じつは私にはこの日の記憶があまりない。家を出る寸前まで着ていく服選びに悩んだことと、発表が終わってから報道関係者に囲まれて何だかすごいことになったと思ったことはよく覚えているが、肝心の会見の風景や言葉

記者発表の様子。右手には長谷川先生と真鍋先生、左手のモニター越しには鈴木直さんも。

のやりとりは、あまり思い出せない。ちなみに、記者発表の後でとある記者の方が、「あまりにも元気がないのでどうしたのかと思いました」とおっしゃった。会場での写真を後になって見てみると、折角の晴れ舞台なのに謝罪会見並みに不景気な顔ばかりしているので、自分でも笑ってしまった。もしかしたら、取材に来たほかの記者の方も、写真に困りながら不思議に思っていらっしゃったかもしれない。

巣立ち

フタバスズキリュウが新属新種として記載されたというニュースは、翌日の全国紙の新聞などで大きく報道していただいた。それに加え、イギリスの有名誌『ネイチャー』のニュース欄にも1ページの記事が掲載された。また、それに引き続いて様々な取材や講演依頼を頂戴したり、友人や親戚から「おめでとう!」という連絡が入ったりして、賑やかで慌ただしい日が続いた。記者発表が終わった私は緊張から解放され、数日して無事に出版されたPalaeontology誌が手元に届いて自分の論文を確認してから、ようやくフタバスズキリュウの記載という大仕事が片づいたことを実感できた。ちなみに、論文の正式なタイトルなどの出版情報は次の通りである。

Tamaki Sato, Yoshikazu Hasegawa, and Makoto Manabe (2006). A new elasmosaurid plesiosaur from the Upper Cretaceous of Fukushima, Japan. Palaeontology, Vol. 49, Part 3, pp. 467-484.

こうして、フタバスズキリュウは学術研究の世界にデビューした。どんなに素晴らしい標本であっても、データを共有できる状態にならなければ科学的な学術研究の世界では存在しないも同然であるが、記載論文が出版されることで様々な人の様々な研究で使われるようになる。この文章を書いている時点で記載論文の出版から12年が過ぎているが、日本のみならず様々な国の研究者が執筆した論文の中で*Futabasaurus suzukii*という名前を見ると、鈴木さんの発見から私たちの記載論文に至るまでに関係した多くの人の努力が実を結んだことを実感できて、とても嬉しい。

研究中はある意味「私のフタバスズキリュウ」であったが、記載論文の出版を以て、フタバスズキリュウは私の手元から巣立っていった。これからは、首長竜を研究する一研究者として、自力で泳ぎ始めたフタバスズキリュウの活躍を見守っていきたいと思う。

【対談】

Tamaki Sato

佐藤たまき

×

Tadashi Suzuki

鈴木直

フタバスズキリュウの発見は白亜紀の「窓」を広げた

Profile

鈴木直
（すずき・ただし）
1951年、福島県いわき市生まれ。1968年10月、福島県立平工業高校2年生のときにフタバスズキリュウを発見する。その後もいわき市石炭・化石館職員、財団法人いわき市教育文化事業団職員として、一環して古生物の調査、研究を続ける。現在は公益財団法人いわき市教育文化事業団いわき市アンモナイトセンター主任研究員。

フタバスズキリュウ発見者「鈴木少年」との出会い

佐藤たまき（以下、佐藤）　ご無沙汰しております。猿橋賞受賞おめでとうございました。

鈴木直（以下、鈴木）　おひさしぶりです。猿橋賞受賞おめでとうございました。

佐藤　ありがとうございます。フタバスズキリュウの記載論文出版後に、いわき市石炭・化石館での記念講演などで何度かお会いしましたが、それ以来でしょうか？

鈴木　そうかもしれません。論文が出たのは２００６年でしたよね。

佐藤　２００６年5月です。国立科学博物館で記者発表をしましたけれど、鈴木さんはいわき市から中継で出演してくださいました。その前には、２００３年か04年の冬に、いわき市のフタバスズキリュウが出た露頭にご案内いただきました。

鈴木　真鍋真先生もご一緒でしたね。発見場所の緯度経度を測定したときだ。

佐藤　ええ。論文に載せるために、ＧＰＳで測定させていただきました。

鈴木　最初にお会いしたのはいつでしたかねえ……。

佐藤　私にとっての最初はこれです。（古い小学館『学習百科事典』を取り出す）子供のころの愛読書を探して持ってきました。フタバスズキリュウの項目を読むと「鈴木くん」が出てきます。当時、化石関係の本には、必ずお名前が出ていました。私は、おそ

猿橋賞
一般財団法人「女性科学者に明るい未来をの会」が自然科学の分野で顕著な研究業績をおさめた女性科学者に毎年贈呈している賞。第36回（２０１６年）は佐藤たまき「記載と系統・分類学を中心とする中生代爬虫類の研究」が授賞した。

いわき市石炭・化石館
41ページ参照。

らくこうした本を通じて鈴木さんを知ったんだと思います。

鈴木　ああ。私が化石に興味を持ったのも、世界文化社さんの『科学図鑑』というシリーズがきっかけでした。小学5年生のときに、申込用紙が学校で配られたんです。50巻以上もあって結構高かったから「無理かな」と思ったんですが、母に頼んでみたら、申し込んでくれた。湯川秀樹《ゆかわひでき》先生をはじめとする錚々《そうそう》たる先生方が監修されていて、2か月に1回の配本がすごく楽しみでした。

佐藤　そうだったんですね。じつは、もうひとつ持ってきたものがあるんです。（手書きの名刺を取り出す）初めて鈴木さんにお会いしたときにいただいた連絡先のメモです。郵便番号がまだ3ケタだった時代（笑）。

鈴木　そうでした。その場で書いて、お渡ししたんでしたね。

佐藤　初めていわき市に行ったのは、大学2年生か3年生のときだったと思います。当時は、東京大学の教養学部にいらっしゃった濱田隆士先生のインフォーマルなゼミがあって、みんなで石炭・化石館に行きました。標本庫のようなところに入れていただいたり、海竜の里で遊んだりしました。

鈴木　そのときは、まだお会いしていませんよね。

佐藤　そうですね。鈴木さんにお会いしたのは、卒業研究をやっていた1994年の

湯川秀樹
1907-1981年。物理学者。中間子の理論的解明で1949年に日本人として初めてノーベル物理学賞を授賞したことで知られる。

濱田隆士
20ページ参照。東大教養学部教授時代に主宰したオープンなゼミの参加者の一人が佐藤たまき。

海竜の里
22ページ参照。

夏前後ではないかと思います。

鈴木　プリオサウルスの計測をしたときですか？

佐藤　そうです、そうです！　卒論で、北海道から出た、首の短いタイプの首長竜を研究していたんです。その参考にするために、石炭・化石館に展示されていたプリオサウルスの標本を測らせていただきました。

鈴木　思い出しました。たぶん、そのときですね。

佐藤　ご挨拶させていただくまで気づいていなくて、お名前を聞いて「わあ！　この人がフタバスズキリュウの鈴木さんだったんだ！」とすごく驚きました。確かイギリスで出た化石を作業台に並べていましたよね。

鈴木　ええ。復元するためのクリーニング作業をしていたんです。

佐藤　まだ石に入った状態の化石が並んでいたのを覚えています。途中から卒論そっちのけで、そのお話を聞くのに夢中になってしまって（笑）。

鈴木　そうでしたっけ？

佐藤　ええ。仕事柄なのか、話した内容や時期の記憶は曖昧になっても、そのときにあった化石のことは覚えています（笑）。

鈴木　女性の若い学生さんが「古脊椎動物学を研究する古生物学者を志している」と話

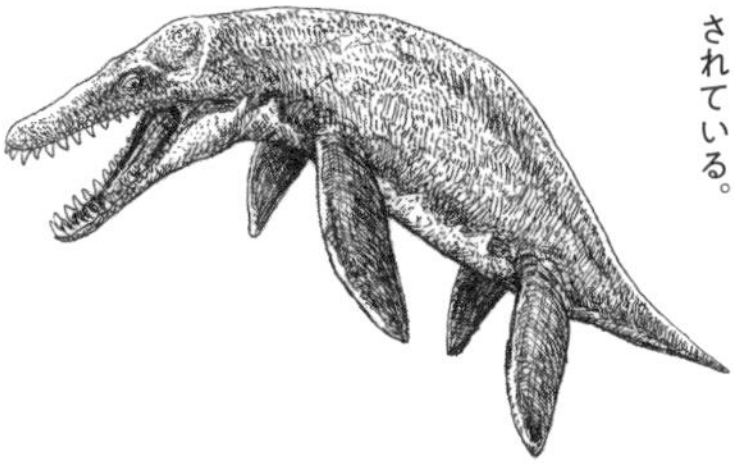

プリオサウルス
（*Pliosaurus*）
首長竜の一種。ヨーロッパや南米のジュラ紀後期の地層から発見されている。フタバスズキリュウに比べて首が短いのが特徴。いわき市石炭・化石館には、旧ソ連（ロシア）で発見された実物化石が展示されている。

すのを聞いて、すごく素敵だなあと思いましたよ。当時の日本ではあまり聞いたことがなかったですから。

佐藤　確かに古生物学、特に古脊椎動物をやる女性はほとんどいませんでしたね。今でも決して多くはないですが、昔に比べればずいぶん増えたと思います。

鈴木　私がこの世界に興味を持った60年代後半は、女性に限らず、日本で古脊椎動物を研究している方はごく少数でした。鹿間時夫《しかまときお》先生や尾崎博《おざきひろし》先生のような限られた方々が支えてきた世界だったんです。今はすごいですよね。

佐藤　そうですね。日本の古生物学は、もともとアンモナイトや二枚貝のような無脊椎動物研究が中心だったのだと思います。私が大学に入った90年代初頭でも、研究者として古脊椎動物を専門にしている方はごく少数で、その多くも恐竜や首長竜といった爬虫類ではなく哺乳類を研究なさっていたんです。そういう状況だったので、私は海外に留学することにしました。でもたぶん２０１０年前後からでしょうか。日本に戻ってきて、東京学芸大学に着任した（２００７年）あと、ふと周囲を見渡したら、各大学や博物館で古脊椎動物を専門に研究している日本人がたくさんいることに気づきました。まったく状況は変わりましたね。

鈴木　素晴らしいですね。

鹿間時夫
１９１２‐１９７８年。古生物学者。日本では大型爬虫類化石は出ないと思われていた戦前から、日本各地で古脊椎動物の発掘と調査を精力的に行った。戦後の一時期、長野県の高校で理科教師をしていたときの生徒に、後にフタバスズキリュウ発掘に携わる長谷川善和がいる。その後、横浜国立大学教授となり、多くの後進を育てた。

尾崎博
１９０７‐１９９４年。古生物学者。国立科学博物館地学研究部長を務める傍ら、テレビ番組への出演、子供向けの解説書執筆などを通じて、古生物学の普及にも尽力。鹿間時夫とともに映画「ゴジラ」の制作に関わったことでも知られる。

「世紀の発見」を導いたのは、戦前の石炭採掘調査

鈴木　私が化石に興味を持ったのは、先ほど話した『科学図鑑』シリーズの「生物の進化」「地球」という本に化石が載っていたことがきっかけなんです。尾崎博先生や、まだ若かったころの小畠郁生先生が執筆なさっていました。

佐藤　ものすごく豪華ですね。

鈴木　東京都昭島市で発見されたアキシマクジラの発掘の様子なんて本当に生々しく書かれていて、ものすごく興奮しました。子供なりに、化石発掘の楽しさや醍醐味みたいなものを感じたんだと思います。

佐藤　ええ。

鈴木　小学生時代から、自然科学好きと同時に、妙にマニアックなところもあったんです。近所にいた考古学好きの中学生のお兄さんと一緒に土器や石鏃《せきぞく》を集めたり、ほかには、クモや動物の骨格標本収集にハマったこともあります。自分で言うのもおかしいですが、変な子供でした（笑）。

佐藤　集めるのは、楽しいですよね。

鈴木　そうですよね。それで中学生になってから二つの記事と出会いました。一つは中

小畠郁生
98ページ参照。

アキシマクジラ
1961年、東京都昭島市内の多摩川にかかるJR八高線鉄橋付近で全身骨格が発見された、約200万年前の古代クジラ。発見者は小学校教員の故・田島政人さんで、当時科博にいた尾崎博らが調査し「アキシマクジラ」と命名した。当初は現在も生息するコククジラの近種と推定されたが、2018年1月にすでに絶滅した新種であることを示す論文が発表された。

学生新聞です。福井県美山町（現在の福井市）にある手取層群というジュラ紀の地層から陸生トカゲの化石が出たというニュースで、「必ず恐竜も出るだろう」と報じていました。もう一つは学校の近くの古本屋さんで買った『あぶくま山地東縁のおい立ち』という地元の地質について書かれた本でした。この本に、昭和の初めに双葉層群から首長竜の脊椎骨らしき化石が出たという論文が紹介されていたんです。

佐藤　1926年に徳永重康先生と清水三郎先生が出版なさった論文ですね。私も卒業研究をやっているときに読んだのですが、「こんな時代から研究が始まっていたんだ」と驚きました。なにしろ、戦前ですものね。

鈴木　そうですよね。論文そのものを読んだのは後のことなんですが、石炭を採掘するための炭田調査に来られた徳永先生が、この地層を「双葉層」と名づけたこともこの本に記されていました。この調査では首長竜のほか、魚竜の歯とされる化石も出た。それが、なんと、私の叔母さんの家のすぐ近くだったんです。ほんの300メートルくらいのところ。毎年、夏休みに泊りがけで遊んでいた川のそばだったんです。

佐藤　双葉層群の研究には、本当に長い歴史があるんですよね。かつては新生代の地層として知られていたのを、徳永先生がアンモナイトや二枚貝化石の調査で、中生代の地層があると明らかにされた。その時点で、首長竜の化石が1個ではあるものの、見つ

手取層群
岐阜県北部から、富山県、石川県、福井県の南部にかけ、飛騨山地の広い地域に分布している中生代（ジュラ紀後期から白亜紀前期）の地層。北陸一帯がアジア大陸の一部だった時代に堆積したと考えられている。1966年に福井市のこの地層から発見されたトカゲの化石は「テドリリュウ」と名づけられた。その後、福井を中心に、非常に多くの恐竜などの化石が見つかっている。

テドリリュウ

かっている。それを知った鈴木さんが独自に新たに調査されて、１９６８年のフタバスズキリュウの発見につながるんですね。

鈴木　そうなんです。だからこそ見つけられたんだと思います。

佐藤　ものすごいタイムスケールですね。

鈴木　石炭は当時、国を支える主要なエネルギーでしたから、いわきにとってみれば、非常にありがたい、大きな調査だったのだろうと思います。徳永先生の論文を見ると、どこを探すと何が出るか、その結果、どういう地層だと考えられるのか、ものすごく細かく調べて書かれているんですよ。石炭関係の技術者の方々のバックアップがあったのか、いろいろな人の名前も出てきます。

佐藤　エネルギー資源の主流が石油になる前、石炭は黒いダイヤともいわれて、日本の経済発展に重要な役割を担ってきましたからね。

鈴木　石炭が豊富に出るから鉄道（常磐線）もできた。この調査は、いわき、常磐地域の発展にも欠かせないものだったと思います。以前、ＮＨＫの『爆笑問題のニッポンの教養』という番組でこの話をさせていただいたら、徳永先生の息子さんで、やはり高名な古生物学者である徳永重元先生がすごく喜んでくださって、私も嬉しかったです。

佐藤　そうだったんですか。

双葉層群
１０３ページ参照。

徳永重康
１０６ページ参照。

清水三郎
１０７ページ参照。

鈴木　そういうなかで、双葉層群が見つけられた。そうした方々の調査の記録がなければ、私が調査をすることもなかったと思います。そして、80年以上前のこの調査はさらに、佐藤先生の論文にもつながった。徳永先生はフタバスズキリュウを見つけられませんでしたが、先生がいたからこそ、こうしてつながれているのは間違いない。おもしろいなあと思います。

佐藤　そうですね。徳永先生が活躍なさった時代は、日本で古脊椎動物学という学問が確立される前ですから、本当に何でもやる。アンモナイト、二枚貝から地層の年代を特定し、そこから出てきた骨を調べて「首長竜の椎骨らしきものが出た」という論文も書く。こんなことは、専門化の進んだ現代では考えられません。もちろんインターネットもない時代です。すごいなあって思います。

小畠郁生先生との出会いとフタバスズキリュウの発見

鈴木　双葉層群の存在を知ってからは化石を採るようになり、地質学の専門誌を読んだりするさらにマニアックな高校生になりました。するとある日、地質学雑誌に「白亜系双葉層群の上限」という論文が載っていたんです。著者は小畠郁生先生でした。『科学図鑑』をはじめ、様々な本でお世話になった憧れの先生です。それまで、双葉層群は下部の層ばかりが注目されていて、上部から出てきた化石についてはほとんど報告がなかった。それはどういうことだろうと現地調査をなさっていたんです。読んでみると、アンモナイトや貝、サメの歯など、私が採取したのと同じようなものが並んでいる。「これはおもしろい！」と、いっぱしの学者気取りで国立科学博物館に「私の調査ではこんなものが出ています」と手紙を送りました。生意気な高校生ですよね（笑）。

佐藤　ははは。

鈴木　驚いたのは、小畠先生のお返事です。どこの誰ともわからない高校生のぶしつけな手紙に対して「一緒に研究しましょう」とおっしゃってくださいました。このお返事が、フタバスズキリュウ発見につながるんです。

佐藤　小畠先生のご専門は、もともとアンモナイトなどの無脊椎動物ですよね。

鈴木　はい。恩師である松本《まつもと》達郎《たつろう》先生から、バキュリテスという

「一緒に研究しましょう」
この共同研究の成果は、フタバスズキリュウ発見の論文とは別に、小畠郁生・鈴木直「再び白亜系双葉層群の上限について」という論文にまとめられ、１９６９年に発表されている。

バキュリテス
（*Baculites*）
渦を巻かない、直線状の殻をもつ棒状アンモナイト。

松本達郎
１９１３‐２００９年。地質学者、古生物学者。東北大学で矢部長克に学び、九州大学（当時は九州帝国大学）教授、西南学院大学教授を務める。全国各地でアンモナイト化石の調査を行い、日本の白亜紀地層の年代特定に大きな功績を残した。九州大学理学部地質学科の教え子の一人が小畠郁生。

棒状のアンモナイト化石の研究をするようにいわれて、調査に来られたようです。双葉層群にしたのは、やはり徳永先生と清水先生の論文があったからでしょう。ちなみに松本先生を教えた矢部《やべ》長克《ひさかつ》先生は日本の古生物学の父みたいな人で、曲がりくねった殻をもつ異常巻きアンモナイト、ニッポニテス・ミラビリスを記載されています。

佐藤　化石を使った研究にはいろんな側面があって、日本では長い間、化石から地層の年代を決める学問「生層序」が中心だったと思います。これに対して、アンモナイトがどうしてこういう形になるのか、大きく成長していく過程で形がどう変わるのか、といったことを調べる「形態学」と呼ばれる分野もあります。まだパソコンもなかった時代に、小畠先生は、アンモナイトの形態を数学的に表現し、定量的に扱う研究を先駆的になさっていたんですね。

鈴木　海外の最先端研究をいち早く取り入れておられた。そんなすごい先生に「一緒にやりましょう」とおっしゃっていただいて、そして調査を続けるなかでフタバスズキリュウを発見したんです。見つけたときは首長竜か魚竜かはわかりませんでしたが、大型の海生爬虫類の骨に違いないと確信していました。それで、小畠先生に速達郵便を送ったんです。先生は、科博で古脊椎動物の研究をなさっていた長谷川善和先生と一緒に現地まで調査に来てくださいました。

矢部長克
1878-1969年。古生物学者、地質学者。東北大学教授（当時は東北帝国大学理科大学。清水三郎と同じく地質学教室の初代教授）を務める。東京大学在学中から日本各地でアンモナイトを調査し、清水三郎との研究では当時日本領だったサハリンまで足を伸ばして白亜紀アンモナイトの研究を活発に行った。糸魚川—静岡構造線（日本を東北部、西南部でわける地溝帯フォッサマグナの西縁）の提唱者として知られ、それらの功績により文化勲章を受賞した。

佐藤　そうだったんですね。

鈴木　小畠先生は２０１５年にお亡くなりになられましたけど、本当に残念です。先生の書かれた本や論文がなければ、私がこの世界に興味を持つことはなかったかもしれませんし、フタバスズキリュウの発見もなかっただろうと思います。

佐藤　私も先生のご著書はたくさん読みました。お世話になった一人です。

鈴木　長きにわたってすごくたくさん書かれていますよね。翻訳も手がけておられた。

佐藤　はい。一般向けの普及活動で大変な貢献をなさった先生ですね。

記載論文について

鈴木　その流れでいうと、フタバスズキリュウをきちんと記載してくださった佐藤先生の功績もとても大きいと思うんです。

佐藤　標本あっての論文ですから（笑）。まずは何と言っても見つけてくださった鈴木さんのおかげです。「フタバスズキリュウ」という呼び名も、私が小さいころから広く愛されていましたし、学名を「フタバサウルス・スズキイ」にした理由もよく質問されるのですが、私としてはこれ以外は考えられませんでした。

ニッポニテス
(Nipponites)

鈴木　佐藤さんらしいな、と思いましたよ。

佐藤　多くの人にとってわかりやすく、受け入れやすい名前がいいと思ったんです。でもたまに、「スズキサウルス・フタバでしたっけ?」とか、微妙に間違われることもありますけど（笑）。

鈴木　スズキサウルスという名も光栄ではありますが（笑）。記載論文では、新属新種ではないかという長年の問いにも決着をつけてくださいましたね。

佐藤　新種である可能性は、産出報告の論文（小畠郁生、長谷川善和、鈴木直「白亜系双葉層群より首長竜の発見」地質雑誌1970年）にも指摘されていました。それまで日本では新種の首長竜は記載されていなかったんですが、多くの首長竜が記載されているアメリカとは地理的に離れていますし、種類の違う首長竜が太平洋を隔てた日本にいてもおかしくないのではないかという感覚はあって、そこから調査を始めたんです。

鈴木　新属新種として記載するために、どこを「標徴《ひょうちょう》」とするべきかを考えてくださったわけですね。

佐藤　はい。標徴（diagnosis）はその種の特徴を指す専門用語で、「どの特徴をもってほかの生き物とこの生き物を区別できるか」を説明するものです。新属新種を記載するうえでは標徴を特定することが重要で、私の仕事だったといえますね。

鈴木　大変だとは思いますが、おもしろそうですよね。

佐藤　それができたのは、博士課程の研究でエラスモサウルス類のデータを集めていたからです。「○○サウルスにはこんな特徴があって、この部分は骨が壊れていてわからない」といった情報を網羅したデータセットのようなものが頭とパソコンに入っていた。それだけでは全然足りないんですが、手をつける基礎になるものを持っていたのがよかったんでしょうね。ただデータといっても、私たちの扱うデータは定量化されていない定性的なものが多いので、測定して数値を入力すれば答えが出るようなものではありません。目でデータと標本を照らし合わせて「この形は見慣れないな」「これは○○サウルスに似ている気がするな」といった感覚を、客観的な言葉にしたり、図で示したりということが必要なんです。これは、骨の形が頭に入っていないとできません。そして手持ちのデータで足りない場合は、標本を見に行く。そういうことを繰り返して、頭から尻尾まで、どの特徴を使えばフタバスズキリュウをほかの首長竜と区別できるかをしらみつぶしに探したんです。

鈴木　先ほどの小畠先生の話のなかで、定量化の先駆者という話がありました。最近では形態を定量的に扱うモルフォメトリックスという学問手法も出てきていますが、やはり今でも定性的な手法は重要なんですね。

モルフォメトリックス
化石の形を計測値などの数値を用いて表現し、コンピュータなどを用いて、数学的に研究する手法。日本では形態測定学と訳されることもある。

佐藤　やっぱり実用的なのはまだ定性的な手法だと思います。とはいえ学術研究ですから、客観性も必要です。研究者によって形の伝え方が違ったら困るし、「大きい」とか「細長い」なんていう漠然とした表現をするわけにもいきません。細長いのならば、その縦横の比率を定量的に解説したり、といったこともしています。

鈴木　なるほど。でも、確かに、ある程度経験があれば、見ればわかるようになる。そのほうが早かったりしますね。

佐藤　トレーニングによって引き出せる情報量が多くなるんだと思います。古生物学の実習では、学生に標本をスケッチさせるんです。最初は闇雲に描くだけですから、何を描いているのか本人にもわからない。あとから見て、どの絵がどの標本だったか自分でも区別がつかない、なんてことも起こります。でも何回かやっていると、その標本の特徴的な部分はどこなのか、どこに注意を向けるべきかがわかってくる。じつは私自身、博士課程で学んでいたときに、3年前の修士課程のころに描いた自分のスケッチを見てショックを受けたことがあるんですよ（笑）。ものすごく下手で、相当勉強したつもり

になっていたのに、まだ標本のことが全然見えてなかったんですね。もちろん、それに気づけたのはその後に確実に成長していたからとも言えるのですが、当時はすごくガックリしました。ですから、知識だけではなく、経験とトレーニングは必要だと思います。それと、情報をできるだけたくさん引き出したいという意志も必要ですね。

鈴木　そういう経験や知識に、コツコツと努力を重ねて、素晴らしいひらめきが生まれたんですね。

佐藤　これも先人の積み重ねがあってのことだと思います。

鈴木　私は、フタバスズキリュウ発見から記載までに費やした「38年」という年月は、長くとも経なければならなかった時間だったと思っています。日本で古脊椎動物の化石が見つかるようになってから、この分野の研究を進めてこられた長谷川先生、真鍋先生、そして佐藤先生とつながっていったからこそ、きちんと記載できたんだという気がしてなりません。記載論文が出たことで、今後の首長竜研究にも生かされますし。

佐藤　ありがとうございます。この論文が参照されて、今後の研究に役立てるかもしれないと思うと、誇らしいですね。学術研究、特に基礎科学の分野は一人の天才が突然成し遂げるものではなくて、積み重ねが必要なものです。フタバスズキリュウを例に挙げれば、戦前にこの地域で行われた炭田調査でアンモナイトが見つかり、その種類から地層の年代を特定されたというところから始まっている。その調査があったから、高校生の鈴木さんは熱心に探したし、出てきたフタバスズキリュウが白亜紀のものだとわかる。そういう積み重ねがあったからこその大発見なんですよね。

鈴木　ええ、本当にそう思いますね。

佐藤　個人的に、日本の基礎科学の衰退をとても心配しているんです。今は、すぐに結果が出ないと評価されにくい時代ですよね。これは長期的に見ると、サイエンスを傷つけるんじゃないかなと思うんです。

鈴木　そうですね。フタバスズキリュウ以来、首長竜をはじめとする海生爬虫類や恐竜の化石が本当にたくさん出てくるようになりました。でも、全身骨格と呼べるほどまとまった骨が見つかる例はまだごく一部で、多くの化石が正式な名前を決めることもできない状態になっています。そんななかにあって、フタバスズキリュウは50年経ってもいまだ遜色のない存在だと思うんです。その資料が世界の学術研究に貢献し、今後も多くの書籍や論文に引用されていく。本当に素晴らしいし、夢があります。

化石を見つけるコツ

佐藤　鈴木さんの功績も素晴らしいですよね。私はこういう仕事をしていますが、化石を見つける才能は全然ないんですよ。野外調査でも周りの人に「先生、そこにあるのは化石じゃないですか？」なんて先に見つけられちゃうぐらいなんです（笑）。

鈴木　見つけるコツは、人を前に歩かせないことです（笑）。

佐藤　あははは。

鈴木　ホントですよ。有名なジュラ紀の地層のある、イギリスのヨークシャーコーストに行ったときも、「あれは化石じゃないか」と誰よりも先に進んでしまいました。まぁ、このときは勘違いでしたけど（笑）、でもだいたい見ればわかるでしょう。

佐藤　それは、鈴木さんの目が違うんだと思いますよ。私も学生に「標本を見てわからないの？」なんて言ってしまうことがあるのですけれど、ほかの人には見えないものが、ある人には見えるということはあると思うんです。化石を見つけるときの鈴木さんは、そういう目を持っていらっしゃるんじゃないですか？

鈴木　いやいや。ただ、二次元と三次元の違いというのはあるかもしれませんね。実際に見えるのは断面ですから。

佐藤　ああ、それはあるかもしれませんね。脊椎動物の化石というのは、ある意味、相当マニアックな知識がないと見分けがつきません。骨1個がコロンと出てきたときに「生物の骨だ」ということはわかっても、普通は、クジラか爬虫類かさえわからない。それが首長竜なのかモササウルスなのか、あるいはどこの部分かを区別するためには、ある程度の知識や経験がないと。

鈴木　標本をたくさん見ることも大切ですね。

佐藤　ええ。「珍しい化石だ」だけで終わっていたらもったいない。そこから先に進んで「それは○○の骨の△△の部分で、こんなふうに折れていますね」と答えるには、どうしてもマニアックにならざるを得ない。博物館の収蔵庫に行くと、様々な方から寄贈された資料が保管されているんです。それを調べて「この骨はこんな研究に活用できるかもしれないですよ」とか「この地層からこの骨が見つかるのはすごいことですよ」ということを指摘するのが私の仕事なんだろうなと思います。

鈴木　有望な地層の堆積物を砂粒や泥のまま持ち帰って、ふるいにかけたり、酸でクリーニングして微小化石を探す手法もありますね。たとえば陸成層なら、そうすること

モササウルス
(*Mosasaurus*)
白亜紀後期に生息していたと考えられている、肉食の海生爬虫類。近年、日本国内でも北海道、大阪、和歌山県などで相次いで発見されるようになった。

で、従来の方法では見つけられなかった微小な脊椎動物化石の破片や歯が見えてくる。細かい種類を特定するのはかなり難しいんですけど、調査結果を統計的に処理することで、当時の陸生動物相を調べることはできるんです。じつは双葉層群でもこの研究を始めています。本当に小さな化石なんですが、見つけたときにはやっぱり楽しいですよ。

佐藤　いいですね。

鈴木　ただ、なかには発見した化石を私物化してしまうマニアの方もいて、残念だなあと思います。お好きなのは結構ですが、自然が残してくれた貴重な遺産ですから、やっぱり学問的な検証を経て、残していくのがいいのではないでしょうか。

白亜紀を覗く小さな「窓」を広げる努力

鈴木　当時のことを話すとき、私はよく「窓」という表現を使うんです。フタバスズキリュウが発見された地層は、白亜紀の終わりに近い、およそ8900万〜8500万年前にできた海の地層（海成層）でした。かつて日本では、この「窓」を覗いても、アンモナイトや二枚貝くらいしか見えないと考えられていた。ところがフタバスズキリュウが発見されたあとは、各地で、海生の爬虫類が次々と、それこそラッシュのように発見

陸成層
陸地だったところに堆積した地層のこと。海だった場合は「海成層」と呼ぶ。フタバスズキリュウが出た双葉層群の玉山層は海成層。

されました。最近では、全国各地でモササウルスまで出てきています。

佐藤　私の世代ではもう当たり前になっていますけど、かつての日本ではまったく考えられなかったことなんでしょうね。

鈴木　はい。昭和の初期に、徳永先生が、私の故郷であるいわき市に白亜紀の窓があることを見つけてくださった。その窓を長谷川先生や小畠先生、私たちが昭和40年代に覗いたら、海生爬虫類の姿がようやく見えた。そこから恐竜も続々と発見されるようになった。とはいえ、日本にある白亜紀の地層は限られています。窓はとても小さい。その小さい窓を大きく広げるためには、今後もコツコツと努力を積み重ねていくしかない。たとえば、いわき市アンモナイトセンターは、アンモナイトなどの化石が大量に産出する海の地層を建物で覆った施設なんです。1992年にできてからずっと定期的に発掘体験会と調査を続けているんですが、そうすると新しい種類のアンモナイトや海生の爬虫類が出てきたりします。おもしろいですよ。

佐藤　素晴らしいですね。その意味でいうと、私は論文を書くことで、窓を広げるお手伝いをさせてもらっているのかなと思います。今は学術研究が学際化して、学術論文も世界中の研究者がPDFで手軽に入手できるようになっていますよね。そういう時代ですから、日本にある標本の情報もどんどん発信していかないと、海外の研究に活かし

いわき市アンモナイトセンター
105ページ参照。

てもらえなくなってしまうんです。

鈴木　そうですね。佐藤さんがおやりになった仕事は、環太平洋地域全体での首長竜の進化を考えるうえでも、重要なものだと思います。太平洋の向こう側、アメリカの特にロッキー山脈付近にある白亜紀地層からは、首長竜の破片ではなく全身骨格がものすごくたくさん出ていますよね。

佐藤　おっしゃる通り、現在のロッキー山脈に相当する部分の東側からプレーリーにかけての部分は、白亜紀には海でした。ですので、カンザス州などのいわゆるプレーリー地帯に行くと、アンモナイトや首長竜の化石がいっぱい出てきます。ところがロッキー山脈の西側、カリフォルニアでは首長竜の化石が出てくる年代は限られているんです。ニュージーランドも狭い年代ばかりが出てくる。ひと口に「後期白亜紀」といっても3000万年以上の期間がありますから、地域によって、化石が出る年代が限定されてしまうんです。ところが日本は地層自体は少ないけれど、幸いなことに後期白亜紀はわりと連続してあるんです。ですから、時代による変化を追跡して見ることができる。

鈴木　窓は小さいけれど、首長竜も出ている。

佐藤　はい。北太平洋の西側で、連続した白亜紀の地層があり、アンモナイトなどから年代もある程度わかっている、という条件を満たしているのは日本だけなんです。フタ

プレーリー
67ページ参照。

バスズキリュウは、そうした場所から出た首長竜の情報ですから、世界的に見ても重要性が高い。こうした情報を学術研究と教育、普及に役立つような形で発信するという意味で、私は窓を広げているつもりです。

鈴木　日本は重要な地域なんですね。

佐藤　白亜紀の首長竜について、早い時期、フタバスズキリュウのいた時期、さらに後の時期にそれぞれこんなものがいた、という具合に日本では比較検討することができる。海外に行くと、ちゃんとした地質調査がされておらず、年代が決まらない地層が結構ありますよね。ものすごくざっくりとした「白亜紀かジュラ紀あたり」みたいな、大らかな地層もありますから（笑）。

鈴木　ははは。

佐藤　これもやっぱり積み重ねのおかげですよね。日本には、同じ地層をいろんな人が、何度も何度も調査し直してきた歴史がある。それこそ、徳永先生が1920年代に調査をされ、60年代に小畠先生と鈴木さんが双葉層群の上限を研究された。その後も地質調査は続いている。学問が進歩していくのに合わせて、そのベースとなるデータもどんどんアップデートされている。

鈴木　首長竜がたくさん出るアメリカでも、ウェルズ先生のような方たちが日本と同じ

ウェルズ先生
132ページ参照。

ように長い年月をかけてコツコツ調査し、記載をしてくださってきた。

佐藤　そうですね。１９４０年代から70年代ぐらいにかけて、ウェルズ先生はフタバスズキリュウとだいたい同じくらいの後期白亜紀の地層から出た首長竜をものすごくたくさん記載なさっています。南アメリカやニュージーランドでも研究をされていて、その数は本当に膨大です。私が行ったフタバスズキリュウの研究でも、先生の記載論文には大変お世話になりました。私はお会いしたことはないんですが、確か、フタバスズキリュウが出たときに日本に来られたんですよね？

鈴木　はい。発掘現場も見にこられました。私は直接お会いできなかったんですが。

佐藤　そうだったんですね。

鈴木　やはり窓を広げるには、積み重ねが必要なんですね。恐竜が出た、首長竜が出たと喜ぶのもいいんですが、そのためにはコツコツ努力しなくてはいけない。出たあとの調査や分析、論文にするにも地道な努力が大切。もし狙ったような化石が見つからなくても「○○が出ると予想したけど、ここでは出なかった」という記録を残せば、それは新しい知見につながっていきますから。

佐藤　そうですね。予想されるような化石が出ないことも、以前はよく見つかっていた化石がその後出ていない、というのももちろん大切な情報です。そうした過去の情報を残しながら、アップデートすることで、新しい発見につながるんだと思います。

双葉層群を通して、見えてくる太古の世界

鈴木　私はずっといわきで調査をやっているんですけど、双葉層群という地層の素晴らしさを、ますます強く感じるようになりました。双葉層群には海成層と陸成層が交互にあります。原始的な哺乳類まで出てくる。調査したいことが尽きないんですよ。

佐藤　確かにいろいろと出てきていますね。

鈴木　双葉郡広野町にある露頭からは、これまでハドロサウルス類などたくさんの化石が出ていますが、震災と原発事故などがあって、まだ詳しい調査と解析が進んでいません。復興の意味でも、調査を進めて、少しでも還元できたらと思っています。貴重な資料を収蔵できれば、若い研究者が出てくるきっかけになるかもしれませんよね。先ほど少しお話しした、堆積物をふるいにかけて微小化石を採取していたのは、この広野町なんです。1つのフィールドから200キロくらいの土砂を採って、ふるいにかけて分析すると、いろいろなことがわかってくるんです。

佐藤　200キロ！　運ぶのが大変ではありませんか？

ハドロサウルス類
白亜紀後期に生息していた草食恐竜。口の部分が鴨のように長く平たいことから日本ではカモノハシリュウとも呼ばれる。福島県双葉郡広野町からは歯や椎骨の化石が発見されており、町役場のロビーではハドロサウルス類のチンタオサウルスの全身骨格（レプリカ）が展示されている。2011年の東日本大震災で被災したが、その後、長谷川善和を発起人とした修復プロジェクトで蘇った。

チンタオサウルス

鈴木　簡単ではありませんが、広野町からは1・5トンを採取しました。震災前にもう500キロ採りに行く予定だったんですが、雪が積もって中止になってしまったんです。本当はもっと採りたい。というわけで、まだ研究段階ですが、陸だった部分の堆積物を調べると、被子植物の痕跡とか、ユーラシア大陸と似たようなものがたくさん出てくることがわかりました。白亜紀には同じ大陸の一部だったんですから、当たり前ですよね。ということは、モンゴルや、アメリカのような脊椎動物の化石が出てもおかしくはない。というか、絶対出る。その破片でもいいから見つけたい、と思いながらふるいを振っているんです。もし出てくれれば、町おこしの一助になるのではとも思っています。

佐藤　双葉層群にはまだまだ多くの役割がありそうですね。

鈴木　はい。その貴重な窓を通して、後期白亜紀のいわきを見たい。もちろん直接見ることはできませんけど、化石を通じて見てみたいと思っています。それと、これも夢ですが、有袋類も発見したいですね。有袋類というとオーストラリアのイメージがありますが、その祖先にあたる原始哺乳類（後獣類）の化石はアジア一円から出ている。歯は2、3ミリ程度のごく小さなものなので、すでに陸域から採取した資料のなかにあるかもしれません。御船《みふね》層群から出たんですから、双葉層群にだってきっとある。

佐藤　発掘の話をなさると、やっぱり楽しそうですね。

有袋類
哺乳類の一グループで、母親の下腹部にある育児嚢で未成熟な子供を育てるのが大きな特徴。カンガルーやコアラが有名である。有袋類の現在の生息地はオーストラリアなどに限られているが、化石は世界中で見つかっている。2017年には、有袋類の祖先に近いと考えられる「後獣類」の化石が熊本の御船層群という白亜紀の地層から発見されたことが報道され、話題になった。哺乳類の進化を知るうえで重要な資料になると考えられている。

鈴木　そりゃあ楽しいですよ。ふるいを振るのも楽しいですし、「あった！」となったらなおさらでしょう。あとは、中断してしまっているサメの研究も再開したいんです。サメは軟骨魚類ですから、化石として残るのは歯だけということが多い。だから古生物学ではサメを歯の形で見分けてきたわけですけど、その特徴の捉え方や分類、考え方が本当に正しいのかを、現在生きているサメを参考に検証してみようと思っているんです。それで漁協をまわって、アオザメの顎を125個ほど集めました。

佐藤　そんなに！

鈴木　いやあ、なかなか大変でした（笑）。けれど、海生爬虫類とサメは切っても切れない関係ですから。

佐藤　同じところに住んでいますからね。首長竜の化石にも、サメの歯型がついていることが少なくありません。フタバスズキリュウもそうでした。

鈴木　サメとフタバスズキリュウの関係についても、佐藤さんたちが論文で決着をつけてくださいましたね。

佐藤　白亜紀の海で、いろんな生物がひしめき合っていた様子がわかりますね。

鈴木　首の長いタイプの首長竜の化石にはなぜか頭がないことが多い。その原因として、サメなどの捕食者の存在を指摘する先生もいる。だから、何が出てきて、何が出てこな

御船層群
熊本県の中央部、上益城郡御船町、甲佐町、宇城市に分布する、後期白亜紀に形成された地層。上部の地層からは恐竜化石を産出している。1979年、日本初の肉食恐竜ミフネリュウの歯化石が出たことで知られる。

軟骨魚類
サメやエイなど、全身の骨格が軟骨でできている魚類のこと。分解されやすいため、歯以外は化石として残りにくい。

首長竜の化石にも、サメの歯型がついている
フタバスズキリュウの周辺からもサメの歯の化石が60本以上見つかっており、なかには刺さった状態のものもあった。科博の日本館ではその一部が展示されている。

いのかも重要な情報になるんだなとわかりますね。

フタバスズキリュウが開いた窓

鈴木　今年はフタバスズキリュウの発見から50年ということで、私もじいさんになりましたけれど、いろいろな場所に呼んでいただいています。学術だけでなく、普及的な側面、メッセンジャーとしての役割も重要だと思ってやっています。

佐藤　私も、いわき市の市民大学などの場で講演をさせていただいたことがありますが、みなさん本当に熱心に聞いてくださいますね。お孫さんを連れたご年配の方、私と同年代の方もいらっしゃいます。楽しいですよ。

鈴木　親子で聞いてくださったりすると、本当に嬉しいですね。私が伝えたいと思っているのは、化石のメッセージなんです。今は石だけど、その当時は生きていた。化石は無機物ではなくて、有機的な生物の痕跡なんです。彼らと私たちは無縁ではない。複雑な系統樹のつながりのなかで、私たちは今ここにいる。そういう長い時間のつながりを感じてほしいなあと思っています。

佐藤　本当にそうですね。

鈴木　化石は本当にいろいろなことを教えてくれます。首長竜についても、知りたいことはまだまだたくさんありますよ。たとえば、首長竜の成長段階も不思議ですよね。

佐藤　そうですね。子供の首長竜と大人の首長竜を比較すると、ただ大きさが違うだけじゃなくて、骨の形が変わっていることがある。たとえば烏口骨《うこうこつ》という骨が爬虫類の肩甲骨の近くにありますが、首長竜ではなぜかおなか側に大きく広がっていて、しかも成長の過程で形が変わることがわかってきています。

鈴木　興味深いテーマですけど、標本がたくさんないと難しい。首長竜は巨大ですから、1体を発見してきちんと記載するだけでも、長い物語ができるくらいでしょう?

佐藤　ええ、そうですね。

鈴木　佐藤先生は、そういう大きな仕事をフタバスズキリュウだけでなく、中国などで次々と新属新種を記載し続けておられる。その知見の積み重ねは、やがて壮大な謎の解明につながっていくでしょう。素晴らしいなと思います。

佐藤　ありがとうございます。

鈴木　だから、改めてフタバスズキリュウは特別な存在だなと思うんです。たった1体の化石が「日本からは恐竜のような大型爬虫類の化石は出てこない」という時代に決着をつけた。子供たちにとって「恐竜や首長竜は外国のもの」ではなくなった。それだけ

烏口骨
脊椎動物の肩帯にある骨で、両生類、爬虫類、鳥類で発達している。哺乳類では退化しており、人間の場合は、肩甲骨の上外側の「烏口突起」となっている。脊椎動物の進化を知る手がかりの一つ。

でもすごいことなのに、その化石が新属新種として記載され、学名がついた。佐藤先生がそういう形にしてくれたことで、世界の研究と日本の研究が結びついて、知見が広がり、窓がどんどん広がっていく。日本人の論文もたくさん出てくるようになった。

佐藤　確かに古脊椎動物を研究する日本人は増えています。鈴木さんのころにはまったく考えられなかったんですよね。

鈴木　こんな時代になるなんて、想像もつきませんでした。

佐藤　私は「外国に行かないと学べない」と考えて留学しましたが、今の学生は日本で学んでいても当たり前の選択肢として「恐竜」「海の爬虫類」を研究対象に選ぶようになっています。その変化に私が少しでも貢献できたとしたら、光栄です。

鈴木　貢献なさったと思いますよ。間違いなく。

佐藤　それも、やっぱり多くの先人のおかげなのでしょうね。今後も新しい研究手法は出てくるでしょうし、取り組むべき課題はいくらでもある。調べなくてはいけない場所もたくさんある。お互い、やるべきことはまだまだたくさんありますね。

鈴木　そうですね。がんばりましょう。

（2018年3月、都内某所にて収録）

【鼎談】

Yoshikazu Hasegawa

Makoto Manabe

Tamaki Sato

長谷川善和 × 真鍋 真 × 佐藤たまき

フタバスズキリュウ記載までの38年と日本の古生物研究の発展

Profile

長谷川善和
（はせがわ・よしかず）
1930年、長野県生まれ。国立科学博物館研究員、横浜国立大学教育学部教授を経て、現在は群馬県立自然史博物館名誉館長。理学博士。専門は古脊椎動物学。国立科学博物館研究員時代にフタバスズキリュウの発掘調査に関わり、記載論文の共著者となる。

真鍋 真
（まなべ・まこと）
1959年、東京都生まれ。横浜国立大学教育学部卒業後、米イェール大学、英ブリストル大学で学び、国立科学博物館地学研究部研究官を経て、現在は国立科学博物館標本資料センター・分子生物多様性研究資料センターセンター長、日本古生物学会会長。Ph.D.、恐竜学者。専門は古脊椎動物学。フタバスズキリュウの記載論文の共著者。

世代をつなぐ、古脊椎動物研究者3人の出会い

真鍋真（以下、真鍋）　長谷川先生が横浜国立大学を定年退官される年に、定期的に行っていた古生物学のゼミに、当時大学4年生だった佐藤さんが来ていたのを覚えています。

長谷川善和（以下、長谷川）　そうでしたか？

佐藤たまき（以下、佐藤）　卒業論文に取り組んでいた1994年から95年にかけてのころですね。長谷川先生にお会いしたのは、そのときが最初です。卒論のご相談をさせていただいたはずなのですが、なにしろすごい先生ですから、ものすごく緊張して、何をお話ししたか、お聞きしたか、覚えていません（笑）。

長谷川　そんなことはないでしょう。

佐藤　いえいえ。私が子供のころ、「脊椎動物の化石が出た」と報じる新聞記事には、必ず「横浜国立大学の長谷川善和教授によると」というコメントが載っていました。そういう方にお会いするんですから。

真鍋　それは緊張するでしょうね。

佐藤　その後、大学院を修了して留学から帰ってきたら、そういった記事のコメントが「国立科学博物館の真鍋真先生によると」に代わっていて（笑）。

長谷川　ははは。

真鍋　佐藤さんはその後、アメリカのシンシナティ大学大学院修士課程に進んだわけですけど、そのときの指導教官は僕がアメリカ、イギリスの大学院に行っていたときの先輩で、よく知っている人で。博士課程で佐藤さんが行ったカナダの王立ティレル古生物学博物館の先生ともちょうど同じころ、一緒に魚竜の研究をしていたんです。だから佐藤さんにも、カナディアン・ロッキーの発掘調査に参加してもらったりもしていました。そういう縁でよく知っていた佐藤さんが博士号を取られて、いよいよ自分の道を歩むことになって、卒業研究以降も首長竜の研究を続けておられることも当然知っていたので、「フタバスズキリュウの研究を一緒にやりませんか?」と声をかけたんでしたよね。

佐藤　2002年の12月に博士論文の最終版を提出したのですが、4月からカナダの国立カナダ自然博物館で働く予定だった話がなくなって、頭をかきむしっていたときでした。真鍋先生にご連絡をいただいて「フタバスズキリュウをやれる!」と気分がパーッと上がったのを覚えています。まさに、捨てる神あれば、拾う神ありだと思いました。

真鍋　わりとすぐガッカリして、すぐ喜ぶタイプなんです(笑)。専門家として成長なさっていた佐藤さんなら、新しい糸口、突破口が開けるんじゃないかという期待があって、見ていただこうと思ったんです。

フタバスズキリュウの発掘、調査、復元はすべて手探りだった

長谷川　真鍋さん、たまきさんという新進の研究者さんたちのおかげで、記載論文が出て、学名がついた。きちんと片がついてよかったなと思います。言い訳はしたくないので、あまりあれこれ言いたくはないのですが、少なくとも38年間ずっと放っておいたわけではありません。ただ、時間がかかるものですし、当時はいろいろな意味で、簡単ではなかった。

真鍋　そう思います。あれだけのまとまった首長竜の化石ですから、どういうものかについては、ずっと議論されてきました。長谷川先生も忙しいなか、研究を続けておられた。長谷川先生に言われて、私も検討してみたのですが、やはり難しい。たとえば首長竜を見分ける特徴の一つは首の長さです。進化の度合いによって長さが変わる。ところがフタバスズキリュウの場合、首の骨はあまり出ていない。爬虫類の種を見極めるうえでもう一つ重要なポイントとされていたのは頭ですが、これも後頭部の骨が欠損していた。そうした通常のアプローチではフタバスズキリュウの本質にはたどり着けない。「だから研究がなかなか進まなかったんだな」と再認識する感じだったんです。１９７０年代当時は、なおさら難しかったでしょうね。

長谷川　私がこの世界に入った時代は、日本で中生代の大型脊椎動物が出るという感覚はまったくありませんでした。魚はともかく、日本では恐竜や首長竜なんて出ないという雰囲気が支配的だったんです。フタバスズキリュウが出たことでその空気は一変するんですが、海外にある論文の多くがまだ日本に入ってきていない。種をきちんと特定するには、海外での先行研究をできるだけ緻密に参照しなくてはいけません。それで必要な論文を探して海外の書店に注文したんですが、1ドル360円の固定レートが変動制に変わったころですから、ものすごく高かった。外貨の持ち出し制限もある。それでも、かなり集めたんですが。

佐藤　パソコン上でＰＤＦの論文をやりとりできる現在とは、まったく研究環境が違いますね。

長谷川　論文もこんな調子でしたが、そもそも日本で、これだけの大型爬虫類の化石を発掘すること自体が初めてでしたからね。フタバスズキリュウは、発掘をするための許可申請や手続き、重機の手配、化石のクリーニングに使う薬品選び、復元骨格の作り方、それらにかかる費用の捻出といったすべてが手探りでした。ですから、第一次発掘直後のタイミングで、首長竜の世界的な専門家であるウェルズ博士が来てくれたのは大きかったと思います。最初に届いた手紙では「ニュージーランド調査の帰りに大阪の万博

復元骨格
フタバスズキリュウの化石は脆かったため、発掘された骨すべての模型を作り、欠損している部分を補ったうえで全身復元骨格が組み立てられた。未知の動物の姿を再現するにあたり、専門家による考証だけではなく、参考にしたヒドロテロサウルスの産状模型、彫刻家（故・小村悦夫氏）の協力も欠かせなかった。

を見に行くから、そのついでに寄りたい」という話だったんですが、東京に来て科博に運び込んだばかりの化石をスケッチしたり計測したり、それから、いわき市の発掘現場にも足を運んで調査をしているうちに1週間の滞在期間は過ぎてしまって、結局、万博には行かなかったのです。

佐藤　そうだったんですね。

長谷川　骨格の復元では、アメリカで見つかった、首の長いヒドロテロサウルスという首長竜の模型（レプリカ）を参考にしました。ウェルズ博士が研究なさった化石で「似ているから参考になるだろう」と、入手に協力してくださったんです。フタバスズキリュウは首の骨があまり出ていなかったから、復元にあたって、大いに助かりました。そうして、復元骨格、産状模型を作ったんです。

佐藤　フタバスズキリュウの産状模型は、論文を書くときに活用させていただきました。「骨がどういう状態で出たのかを確認したい」と真鍋先生に相談したら、地層に入っている状態を記録したレプリカがあるとのことだったので、見せてもらいに行ったんです。

真鍋　当時は科博の研究室は新宿にあって、産状模型のあったつくばの大型収蔵庫まで通わなくてはなりませんでしたね。

佐藤　はい。どういう状態で埋まっていたかというのはすごく重要な情報ですから、と

ヒドロテロサウルス
米カリフォルニア州で見つかった首長竜。フタバスズキリュウと同じく、エラスモサウルス科に属する。ウェルズによって1943年に記載されている。

産状模型
98ページ参照。
フタバスズキリュウの場合は、長谷川善和の指示により、発掘を始める前の状態の模型と、室内でのクリーニング作業がある程度進んで、骨をバラバラにする直前の状態の模型の2行程分が作られた。

ても助かりました。

長谷川　それはよかった。大型爬虫類の化石が古くからたくさん出ていた海外の博物館には豊富な経験が蓄積されていますが、当時の日本はあらゆる意味で慣れていませんでした。だからすべてが手探りだったんです。今ならもっと上手くできたでしょう。でも、それでも産状模型を作り、復元骨格の組み立てまでやったことで、実務的なノウハウは構築できたと思っています。そういう部分では貢献できたんじゃないかという自負はあります。

フタバスズキリュウ復元骨格の展示

佐藤　フタバスズキリュウが復元骨格という形で科博に展示されたことは、大きな意味があったのではないですか?

長谷川　復元骨格は2体作ったんです。最初の1体はいわき市石炭・化石館に入ることになって、2体目が科博でした。各部分骨を作って組み立てるわけだけど、どういう姿勢にするかでかなり議論しましたね。科博で用意した展示室は天井が低かったから、低い格好にならざるを得ない。それで水面を泳いでいた首長竜がふと止まってUターン

2体作られた復元骨格のうちの1体は、発見された福島県いわき市で見ることができる。（提供：いわき市石炭・化石館）

するような姿勢になりました。これ、結構苦労したんですが、科博100周年の切手にもデザインされました。ちなみに現在の科博の展示は、真鍋さんたちが新たにやり直したものです。

佐藤　私は以前の展示も見ていますよ。子供のころ、みどり館に行って見ました。

長谷川　そうですか。でも専門家のたまきさんが見たら、多少間違っていたかもしれませんね。

佐藤　そんなことはありません。その時代の好みや流行によって、首を上げるとか下げるとかはありますけど、思い返してみても間違っているところはなかったと思います。

長谷川　そうですか。それはきっとウェル

国立科学博物館100年記念切手
（提供：古田 靖）

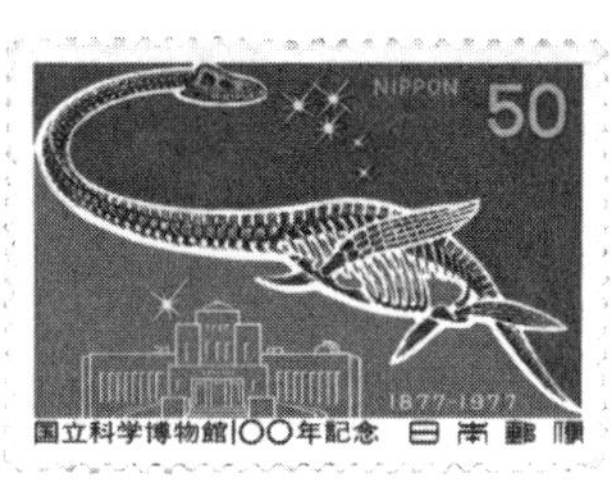

みどり館
13ページ参照。

ズ博士がサポートしてくださったからでしょうね。

佐藤　展示に力を入れられるにあたっては、何か特別な思いがあったんですか？

長谷川　うーん。一言でいってしまえば、外圧ですよ（笑）。大阪万博もあって、当時の日本は博物館ブームだったんです。博物館にとって、脊椎動物の展示は目玉の一つでしょう。私が科博に採用されたのもそのためで、当時、脊椎動物の担当は私一人だけでした。ひと口に脊椎動物といっても網羅しなくてはいけない範囲はとても広い。魚から哺乳類まで全部一人でやりました。

真鍋　そうでしたね。

長谷川　科博には14年間いましたが、私はいちばん研究をしない研究員でした。その代わり、館の大きな展示会はほとんど欠かさなかった。ほかの博物館をつくるという話があれば相談に乗ったり、復元骨格制作や展示の手伝いをしたりする日々だったんです。今は脊椎動物担当は3人に増えていて、それでも大変だと思うけど、そうなるためにかなり貢献できたといっていいのかなと思っています（笑）。

真鍋　ありがとうございます（笑）。

長谷川　その後、科博から横浜国大に移りました。すると全国で次々と恐竜が出始めたんです。

数年間で立て続けに発見された、日本の恐竜たち

長谷川　先ほどもお話ししたように、長い間日本では中生代の大型脊椎動物が出るという感覚はまったくありませんでした。そこに、フタバスズキリュウが出た。首長竜の化石がほぼ丸ごと一体分、国内で見つかった。「こんなものが出るのなら、恐竜が出てきてもおかしくはないぞ」という機運が一気に高まりました。

佐藤　なるほど。

長谷川　当時、いちばん可能性が高いと言われていたのは北陸の手取層群です。中生代の地層で、特に福井県勝山市あたりからは植物化石がたくさん出ていた。テドリリュウというトカゲ化石も発見されている。つまり陸地だったわけですから、恐竜も生息したに違いないというわけです。その次は北九州の関門《かんもん》層群。ここは恐竜の化石がたくさん出る韓国の釜山《プサン》あたりの地層とつながっていると考えられていました。あとは、岡山にある硯石《けんせき》層群と呼ばれていた地層ですね。チョコレート色をした大陸型の地層で、モンゴルや中国の黄土地帯によく似た陸上の堆積物が出ている。可能性はそのあたりだとにらんで、意識的に探そうという空気になったんです。科博では１９７０年と71年に北海道の調査を行いました。海だった地層（海成層）なので恐竜が出る可能性は低いので

手取層群
１６０ページ参照。

関門層群
山口県西部から北九州北部沿岸部に分布する白亜紀前期の地層。淡水域の堆積物（古脇野湖）でできており、朝鮮半島南東部にある慶尚層群との関連が指摘されている。１９５１年に松本達郎が命名した。

硯石層群
西日本に分布する白亜紀の陸生の地層にかつてつけられていた名称。

すが、サハリンではかつてニッポノサウルス（ニッポンリュウ）が出たことがありますから、もしかしたらという期待はありました。けれどモササウルス類、首長竜、翼竜は出たものの、期待された恐竜は出ませんでした。その後もあちこちで調査が行われたけどしばらく空振りが続いて、最初の恐竜化石となる「モシリュウ」が出たのは、そこから数年が経過した1978年でした。電話をくれたのは、たまきさんの先生の先生にあたる方です。

佐藤　花井哲郎《はないてつろう》先生ですね。私の卒業論文を指導してくださった大路樹生先生の指導教官です。

長谷川　花井先生と、えーと……。

真鍋　科博の加瀬友喜《かせともき》さんですか。

長谷川　そうそう、加瀬さん。二人は貝の研究で、岩手県の岩泉町に行っていたんです。ここには宮古《みやこ》層群という海成層がある。それで、ある朝、宿の洗面所で顔を洗って、窓から外をひょっと見たんだそうです。すると、石ころばかりの礫岩《れきがん》層になっている崖に、なんだか白っぽい材木の化石のようなものが見えた。材化

ニッポノサウルス
(*Nipponosaurus*)
1934年にサハリン（当時は日本領の「樺太」）の川上炭鉱近くで発見されたハドロサウルス類（178ページ参照）恐竜。北海道大学の長尾巧教授によって、「ニッポノサウルス・サハリネンシス」という学名がつけられた。戦争時の混乱と長尾の死去によって研究は中断されていたが、2004年に鈴木大輔らによって再記載論文が発表された。

モシリュウ
日本国内で見つかった最初の恐竜。1990年に論文が発表され、マメンキサウルスに近い恐竜の上腕骨の一部とされた。発見された宮古層群は海成層だが、陸上で死んだモシリュウの骨格の一部が川に落ちて流れ、ほかの堆積物とともに浅海に堆積したものと推測される。

花井哲郎
1924-2007年。古生物学者、地球科学者。当時、層序学が主流だった日本の古生物学において、化石を生物学的な側面から研究する進化古生物学（Paleobiology）を確立したことでも知られる。

宮古層群
岩手県の宮古市から下閉伊郡田野畑村にかけての太平洋沿岸に点々と分布している白亜紀の地層。

国立科学博物館の日本館3階に展示されているモシリュウの上腕骨の化石。

石だったら、私にわざわざ連絡してくるわけはありません。「珪化木《けいかぼく》に似ているけど、どこか違うので、気になる」ということでした。海成層ということもあって最初はあまり期待していなかったんですが、これが「モシリュウ」だったんです。岩手県岩泉町茂師から出たから、この愛称をつけました。その3年後に「サンチュウリュウ」が出る。これもまた加瀬さんでした。うちの学生（中島秀一さん。当時、横浜国大大学院生）と二人で、群馬県中里村《なかざとむら》（現・神流町）の山中地溝帯に貝化石の調査に行って、「ことによったら恐竜の骨じゃないかな」というものを見つけたのが最初です。この「サンチュウリュウ」について調べていたとき、もう一つ別の化石が届きました。熊

材化石
樹木の幹などの化石のこと。炭化したものは「炭化木」、石灰化したものを「石灰化木」、木の成分が二酸化ケイ素に置き換わり、石英や水晶のように固まって化石化したものを「珪化木」と呼ぶ。

サンチュウリュウ
1981年、群馬県多野郡中里村（現・神流町）で発見された恐竜。オルニトミモサウルス類の胴の椎体と見られている。

山中地溝帯
埼玉県から長野県にかけて分布している白亜紀の地層。サンチュウリュウの名はここからつけられた。

本の御船層群で1979年に発見されていたものですが、当初はサメの歯だと考えられていたため、熊本大学の村田正文《むらたまさふみ》先生が、科博にいた魚の専門家である上野輝彌《うえのてるや》さんと検討するため上京していました。直後に上野さんから「恐竜の歯かもしれない」という連絡があった。これがミフネリュウです。日本で2番目に見つかった恐竜ですが、私のところに来たのは3番目だったんです。

佐藤　はい。

長谷川　不思議なもので、この3つの恐竜化石は全部、偶然見つかっています。いずれも海成層で、貝やサメの歯を探していたとき。「ミフネリュウ」に至っては、貝やサメの歯の化石を探していたお父さんについていった小学1年生の男の子が「変な石があるなあ」と持ち帰ったのがきっかけです。これまで、出るとは思われていなかったところからも出るとなって、一般の人も含めた恐竜探し熱がますます高まったんですよね。そして1982年には手取層群から「カガリュウ」が出ます。これも最初に見つけたのは子供でした。

佐藤　確か、中学生の女の子ですね。

長谷川　石川県白山《はくさん》市の桑島《くわじま》で拾った化石がしまってあった。それを、いとこの小学生が借りて、夏休みの課題として学校に持っていったことが発端でした。このときも「サ

御船層群
180ページ参照。

ミフネリュウ
1979年、熊本県上益城郡御船町の御船層群で、小学1年生の早田展生くんによって発見された恐竜の歯の化石。長谷川善和らの調査で、1984年に日本初の肉食恐竜の歯であると発表された。

カガリュウ
日本の陸成層から出た初めての恐竜。中学生の松田亜規さんが歯の化石を発見した。

メの歯ではないか」と言われていたんです。しかし、桑島の化石壁は陸成層ですから、サメというのはおかしい。そのことを疑問に思った福井県立博物館（現・福井県立恐竜博物館）の学芸員だった東洋一さんから、私のところに連絡があったんです。モシリュウ発見に触発されて「手取層群からも必ず恐竜が見つかる」とずっと話し合っていたので、だからこそ、恐竜ではないかと気づくことができたんでしょう。ともかく、この驚くような立て続けの発見で、その後は「日本で恐竜が出るのは当たり前」ということになったわけです。

福井県立恐竜博物館
20ページ参照。

どうして子供の発見者が多いのか

佐藤　多くの人が「恐竜が出るかもしれない」という意識を持つだけで、そんなに状況は変わるものなんですね。その一方で、先生のような専門家があたりをつけて掘りにいって、必ず見つかるものでもない。改めて、不思議な気がします。

長谷川　金沢大学で古植物学をやられていた松尾秀邦《まつおひでくに》先生は、手取層群の調査を何十年も続けてきた方なんですが「動物の化石なんて見たことがない。どうして見つけられなかったんだろう」と言っていましたよ。

佐藤　そうなんですか。

長谷川　もしかしたら、本当は見ていたのかもしれません。でも「植物の研究者の目」でしか見ていなかったから、見過ごしてしまっていたという可能性はあります。なにしろ何十年も現地調査をしている専門家ですからね。いちばんチャンスがあったはずなのに、なぜか見つけることができなかった。ただ、それも想像で、真実はわかりません。本当になかったのかもしれません。

佐藤　脊椎動物の化石は、ほかの化石に比べて非常に大きかったり、形が複雑だったりしますから、もしかしたらパッと見て「脊椎動物の骨だ」とは思いづらいのかもしれないですね。「これは動物の骨ではないですか？」と見せていただいた化石が、材化石だったりする。いちばんわかりやすいのは歯ですが、それ以外の部位は形が複雑で、しかも割れた断面で判断しなくちゃいけない。骨の形状、構造を知り、なおかつ、それが地層面でどういうふうに見えるかを想像しながら探すのは、やはりそれなりにハードルが高いことなのかもしれません。

長谷川　簡単ではないでしょうね。

佐藤　ところが、小さいお子さんは「何だろう？」と少しでも疑問に思えば、大人にすぐ聞くことが多い気がします。子供から聞かれると、大人はスルーしづらいですよね

宮城県雄勝町などで、三畳紀の魚竜の化石がよく出るところがある
宮城県本吉郡南三陸町の海岸沿いなどに分布する大沢層

（笑）。「本気で答えなくちゃいけない」とプレッシャーに思うから、調べたり、専門家に問い合わせたりする、ということもあるのかも。

真鍋　確かに大人には先入観があったりしますからね。「こんなものだろう」と見逃してしまうことが多いかもしれません。子供は深く考えずに「これは何ですか？」と素直に持ってくる。これが思いもよらない発見につながっている可能性は高いと思います。宮城県雄勝町《おがつちょう》などで、三畳紀の魚竜の化石がよく出るところがあるんです。講演やイベントで「ここではこんな貴重なものが見つかっています」というお話をすると、現地に行った化石の知識のある方から「こんなのはいくらでも見たことがある」と言われることが少なくありません。「どうして採集しなかったんですか？」と聞くと「イチョウの葉っぱだと思っていた」という。でも、海の深いところの地層にイチョウの葉っぱがあったら、むしろそのほうが不思議ですよね。ところが、ほかのものを探していたりすると、そういう考えは浮かばないで、スルーしてしまう。人間にはそういうところがあるのかもしれません。

長谷川　そういうこともあるでしょうね。「カガリュウ」発見後に話を戻すと、これがきっかけで手取層群の本格調査が始まります。この地層は北陸一帯に非常に広く分布しているんだけど、すごく山が険しい。簡単に行けるところじゃなかった。福井県からも

（稲井層群の一部）のこと。世界最古の魚竜といわれるウタツギョリュウ（ウタツサウルス。名前は旧町名の歌津町に由来）が見つかっている。館崎の魚竜化石産地及び魚竜化石は1973年に国の天然記念物に指定されている。

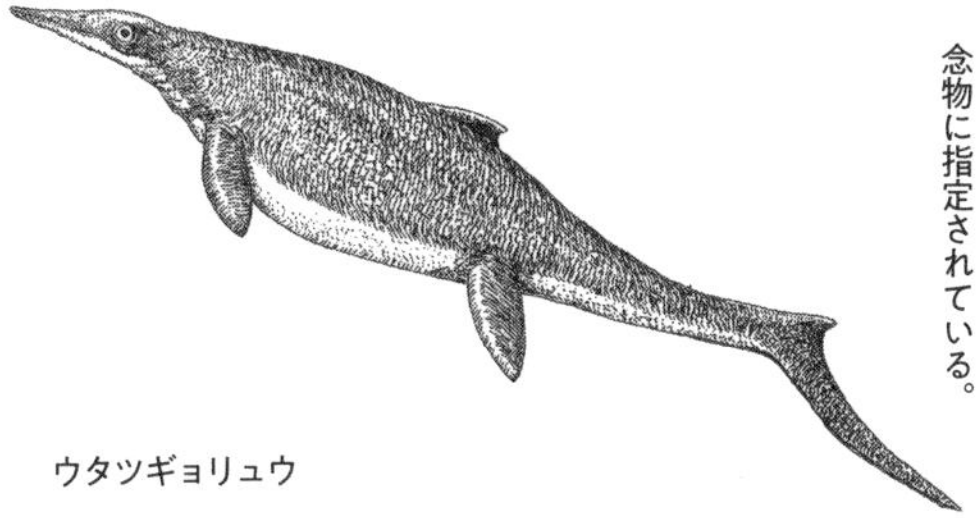

ウタツギョリュウ

恐竜を探そうということになり、「カガリュウ」の出た桑島の化石壁から一山越えた勝山市を調べることになりました。勝山市北谷に分布する手取層群赤岩《あかいわ》亜層群というところで、１９８２年にはワニの全身骨格が出ています。「今度こそ恐竜の化石が出るかもしれない」というわけで、県庁に話し、予備調査を始めました。私は横浜国大の学生を10人くらい連れて、参加しました。重機で少しずつ掘って、その破片をハンマーやタガネで叩いたりして確認する「層面法」という調査法です。張り切って、数日やったんですが、まったく出ない。「最後にここをやって止めようか」と、ワニの出た周辺の石を掘り出して叩いていたら、歯が一つ見つかった。「よし延長だ！」とさらに続けてみたら、また一つ見つかった。これが契機になって、その後続々と恐竜の化石が発見されるようになりました。その標本をベースにして、２０００年には、福井県立恐竜博物館ができたんです。

佐藤　福井県は、その後も継続的に出ていますね。

長谷川　石川県でもいろいろ出てはいるんですけどね。

真鍋　確かに石川も山ほど出ていますけど、名前がついてないものが多いですね。長い間関わっている研究者として責任を感じています。福井県ならフクイサウルス、フクイラプトルなど名前がついたものが挙げられますけど。

手取層群の本格調査
１９８９年から5年間の予定で福井県が実施した「福井県恐竜化石調査事業」のこと。イグアノドン類を含む約３００点の恐竜化石、足跡化石が発見された。この成果により事業は継続的に実施されるようになり、２０１７年には第4次調査（２０１３年—）が終わった。

フクイサウルス
(*Fukuisaurus*)
福井県勝山市北谷で実施された、第1次恐竜化石調査で見つかったイグアノドン類の植物食恐竜。通称は「フクイリュウ」だったが、２００３年に新属新種の「フクイサウルス・テトリエンシス」という学名で小林快次と東洋一によって記載された。テトリは、手取層からつけられた。

佐藤　発見と報じられて、通称はついても、まだ学名がついていなかったりするものはたくさんありますからね。

フタバスズキリュウ記載への道

長谷川　まあ、そんな感じで、横浜国大に移ってからも授業や学生の指導、発掘調査をしているうちに時間が過ぎてしまいました。フタバスズキリュウの研究は常にやる気はあったんだけれどね。

真鍋　先生はそうおっしゃいますが、私が学生としてご指導いただいた当時から、熱心に研究を続けておられたと思います。むしろ、私のほうが、何も貢献できなかったという思いがあります。

佐藤　とんでもないです。お二人がおられなかったら、記載論文はできていません。

真鍋　いやあ、振り返ってみると「わかんなかったな」という印象が強いんですよ。首がない、後頭部がない、そのなかでいろいろ考えたんだけど、種を特定できるような突破口がなかった。長谷川先生に報告できるような進展をなかなか見つけられずにいた。ただ、ほかにも着眼点はあるはずだとは思っていたので、専門家として一人立ちした佐

フクイラプトル
(*Fukuiraptor*)
第1次、第2次恐竜化石調査で見つかったアロサウルス上科に属する肉食恐竜。「キタダニリュウ」と呼ばれていたが、2000年にテタヌラ類の新属新種「フクイラプトル・キタダニエンシス」として東洋一とフィリップ・カリーによって記載された。キタダニは北谷に由来する。

フクイラプトル

藤さんにお願いしたんです。

佐藤　みなさんあまりに謙遜なさるので戸惑ってしまうんですが（笑）、でも、本当に一人でできる仕事ではなかったと思います。もちろん首長竜の研究で博士号をとった以上は、誰よりも首長竜の知識を持っていなくちゃいけないという自負や責任感はありました。でも論文って、知識だけでは書けません。独りよがりに「こう思います」なんていくら言っても、説得力がなくちゃどうしようもない。客観性を持たせるためには、共著者に何度も見てもらって、コメントをいただいたり、情報を加えていただかないといけない。そういうサポートがあったからできたのだと思います。とくにフタバスズキリュウの場合、私は発掘調査に関わっていないので、細かいところがまったくわかりませんでした。論文などの出版物は見ることができるんですけれど、それだけじゃ足りない。それで特に発掘当時のお話や資料については長谷川先生、論文のロジックなどは真鍋先生に助けていただきました。

真鍋　「この骨のこの特徴が重要だと思うんです」「ここはこう解釈したらいいのではないですか」なんて、会うたびに報告してもらいましたね。研究者としての喜びは、こうした特徴を見つけて、関連する資料を調べて「道が開けた！」「なるほど、そうだったのか！」と感じる瞬間だと思います。自分はフタバスズキリュウでそういう貢献はで

きなかったですが、佐藤さんのおかげで、その喜びを共有させてもらうことはできました。

佐藤　研究を始めたのはお声をかけていただいた2003年2月末からで、1か月ほど東京でデータを集めて、3月末にカナダに戻ってポスドクをしながら、5月くらいに最初の原稿をまとめたのかな。チェックしていただいているうちにそのポスドクが終わって、半年間、別のポスドクで北海道大学に行きました。その間も何度か東京と札幌を行き来して、ご相談をしたり、データをいただいたりしながら進めました。産状模型を見るために科博の収蔵庫に行ったのもそのころだったと思います。

真鍋　そうでしたね。

佐藤　真鍋先生には、関係するほかの標本も見せていただきました。こんなふうにものすごくサポートしていただいたんですが、今考えればかなり自由に、好きにやらせていただいたなあ、とも思います。私はチームプレーがあまり得意じゃないので、これは本当に助かりました。言い方は悪いかもしれませんが、かなり気楽に、好き勝手やってしまいました（笑）。

真鍋　確かに古生物学の研究は分業で進めることが多いですね。けれど、フタバスズキリュウのような対象は、頭がどうした、首がどうした、と分業で研究するのは難しいと思うので、それでよかったと思いますよ。

佐藤　そうおっしゃっていただけると……。

真鍋　1つの個体ですし、研究者間でコー

古い切手アルバムを開き、科博100周年の記念切手を見て懐かしむ。この切手は1977年に発行された。

ディネーションできないでしょう。プランクトンや貝の化石のようにたくさんの標本が出ているなら、同じテーマであっても、何人かで分担しながら研究を進めて、総合的に成果を出すことができます。だから、卒業論文の対象にもしやすい。日本でそれをやるには、脊椎動物がよっぽど大量に出てこないといけないでしょうから、なかなか大変じゃないかな。

佐藤　自分が学生を指導する立場になりましたので、それは実感します。でも、論文が出て10年以上が経ちますが、今振り返ると「あのときはヒヨッコだったなあ、生意気だったなあ」と冷や汗が出ます。先生方を前にして、自分の意見をはっきり言っちゃう駆け出し研究者に、みなさんよく付き合ってくださったな、と感謝しかありません。

真鍋　そんなことはなかったですよね？

長谷川　ええ。ただ、まあ、最近の人とはだいぶん違いましたね（笑）。

佐藤　そうですよね。自分でも、態度だけはＸＬだったと思います（笑）。

フタバスズキリュウがきっかけになった「古脊椎動物学」の発展

佐藤　古生物学会の年会は３つのセッションを併行してやりますが、脊椎動物はずっといちばん小さな部屋でしたよね。それが今や、ダントツで大きい部屋を使っている。私が大学生になったころからちょっとずつ増えてきて、21世紀に入るころにガーッと一気に増えた印象があります。

長谷川　私のときなんて、脊椎動物のセッションは、すごく偉い先生が二人と私だけ、みたいな状態でした。当時は有孔虫や貝、植物といった対象を研究している方々が学会の中心でしたから。

佐藤　脊椎動物があまり見つかっていなかったからでしょうか。

長谷川　それもあるでしょうね。

佐藤　私たちの世代から下の世代は、子供のころに恐竜展を見に行ったり、恐竜図鑑を読んだり、恐竜発見のニュースに胸を躍らせてきた経験を持っています。そういった世代が今、大学や博物館に勤めている。裾野が広がったということですよね。これは、長谷川先生やその前の世代の方々のおかげです。

長谷川　いやいや。

真鍋　長谷川先生は、この学問において、本当に大きな貢献をなさったと思いますよ。それだけじゃなく、在任中にまとめられなかった研究やプロジェクトを大学退官後はどんどん進めて、発表なさっておられるのもすごいです。普通だったら止めてしまうところなのに、89歳になられる今も第一線で活躍し続けている。教えられることがたくさんあります。

長谷川　まあフタバスズキリュウに関しては、一言ではいえないくらいの思いがいろいろあるんですけどね。長い時間はかかりましたが、何はともあれ、片がついたことはよかったなと思っています。

真鍋　私も個人的には何も貢献できなかったネガティブなイメージが強いんだけど……（笑）。でも、本当に、まとまってよかったです。

佐藤　そんなそんな。改めて、本当にありがとうございました。

（２０１８年３月、都内某所にて収録）

あとがき

フタバスズキリュウの記載論文が出版されてから、今年（2018年）で12年になる。その間に様々なことが私に起きた。出版の翌年の2007年4月には、「科学技術分野の文部科学大臣表彰」の理解増進部門で、長谷川先生と連名で表彰していただいた。そしてその年の7月から東京学芸大学に常勤の教員として採用され、長い職探しにようやくピリオドを打つことができた。また、2016年には「女性科学者に明るい未来をの会」から、中生代の爬虫類の研究に対して猿橋賞を頂戴した。こうした就職や受賞を契機に、それまでご縁のなかった様々な分野の方と知り合う機会が生まれ、研究者や教育者としての私に随分大きな影響を与えてきた。「フタバスズキリュウの研究をした人」という肩書が私の看板となり、いろいろな人やモノや機会を引き寄せてくれたのである。

一方、フタバスズキリュウの故郷は2011年の東日本大震災で、地震・津波・原発事故という三重苦を味わった。震災直後の4月に常磐線の特急がいわきまで運転を再開したときに、私は真鍋先生と一緒にいわき市へお見舞いに伺ったが、博物館の展示や標本庫は地震でかなりのダメージを受けており、訪問中も余震に見舞われた。地元の方々にお車で周辺をご案内いただいたが、南に行けば田んぼには大きな余震でできた断層が走っているし、海岸沿いは津波でめちゃくちゃになって、何がどこにあったのかもわからなくなっていた。また、北に行くと放射線測定器の数値が上がっていき、広野町と楢葉町の境界に位置していて事故処理の拠点になったＪヴィレッジ付近からは、道路が封鎖されていた。そして、東京ではスーパーで福島産の農産物が売れ残っているのを何年も見続け、電力も農産物も他県からの供給に頼る首都圏住民としては何とも心苦しかった。

それからの福島はゆっくりと、しかし着実に復興に向けての歩みを進めているが、地元や関係者の方々のご苦労はどれほどかと思う。

本文でも触れた通り、この地域は昔から化石がたくさん見つかることで有名であり、化石に関連する文化施設がいくつかある。フタバスズキリュウの産地のすぐ近くにあるアンモナイトセンターや、フタバスズキリュウの復元骨格（レプリカ）が展示されている石炭・化石館も、震災の年の7月には営業が再開された。除染が進んだ約2年後にはセンターの屋外化石発掘体験も復活して、アンモナイトやサメの歯化石などを探す人々で賑わいを取り戻しつつある。それから、広野町の町役場ロビーには、近くでハドロサウルス類恐竜の化石が見つかったことを記念してチンタオサウルスの全身骨格のレプリカが展示されている。これは、もともと展示されていたレプリカが震災で壊れてしまったため、朝日新聞A－Portにおけるクラウドファンディングを通じた400人以上の篤志と、日本古生物学会及びアメリカの古脊椎動物学会（SVP）の支援を受けて、新しく作り直されたものである。真鍋先生と長谷川先生を含む古生物学者や博物館関係者が、この復元プロジェクトのリーダーシップをとった。こうした支援活動を通じても、国内外の様々な人々がこの地を見つめ続けている。

一介の古生物学者に過ぎない私には、福島の今後について軽々しいことなどとても言えたものではないが、研究に関してなら自信を持って言えることがある。それは、この地には研究者としての仕事がたくさん残っているということである。双葉層群産の化石については学術研究の世界でも今後の発展が期待され、ここで見つかる化石の多様性を考えれば、フタバスズキリュウの記載は一つのエピソードに過ぎない。この地が産する化石から私がこれまでに引き出せた情報は、じつにわずかなものである。ほかの研究者たちも、それぞれの研究対象の化石や地層を見ながら知恵を絞り首を捻っていることであろう。「フタバスズキリュウ　もうひとつの物語」は終わっても、古生物学の研究は現在進行形で先は長そうなので、追憶にふけっている場合ではない。

1968年にフタバスズキリュウの化石が鈴木直さんに発見されてから、今年で50年になる。記念に何か書いてみてはと、お声掛けいただいたことがこの本を執筆するきっかけであった。研究者としてフタバスズキリュウについて言いたいことは２００６年の論文に書いてあるし、私自身についてもこれまでに様々な方から取材を受けてお話ししており、特に新しいことはないので、当初はお引き受けしかねると考えていた。また、フタバスズキリュウの発見と発掘の物語に関しては、記載論文が出版された2年後に、長谷川先生が詳しく記された本がすでに出版されている（『フタバスズキリュウ発掘物語　八〇〇〇万年の時を経て甦ったクビナガリュウ』化学同人刊）。しかし、物静かな相棒の50歳の記念すべきお祝いの年（正確には何千万年も足さなければならいが）に何かしたいという気持ちがあり、学術論文として生み出される前の古生物学の研究現場や古脊椎動物学者のキャリアの例として、自分の経験を文章にしておけば何かの役に立つこともあるかもしれないとも思い、執筆を決意した。

執筆を通じてあらためて感じたのは、いろいろな人に支えられて子供のころからの夢がかなっていること、研究対象の化石標本に巡り合う「標本運」という点で自分が途方もなくついている、ということであった。外部から見れば、科学研究に取り組んでいる人としては、当事者である研究者しか見えないかもしれない。しかし研究を支えているのは、研究者という非常に特殊な職業人を育てる教育者と、基礎データや技術を積み上げてきた先人と、研究材料や資金を提供したりして研究環境の整備に取り組んでくださる方々と、研究する人生を選んだ人間を支える家族や友人や周囲の人々である。本書に描かれている様々なエピソードから、この広がりを感じていただけたら幸いである。

本書の執筆にあたり、インタビューにご協力くださった鈴木直さん、長谷川善和先生、真鍋真先生に心よりお礼申し上げたい。いずれの方々も初めてお目にかかってから20年以上の長きにわたってお世話になっているが、今回のインタビューを通じて初めてお聞きするお話もあり、大変楽しい経験であった。また、ブックマン社編集部の藤本淳子さん、対談・鼎談をアシストしてくださった古田靖さん、イラストレーターのかわさきしゅんいちさん、デザインを担当してくださったGR・iDの釜内由紀江さんと井上大輔さんには、私の遅筆と変な拘りで大変なご苦労をおかけして、本当に申し訳ない。

フタバスズキリュウの発掘・研究や、研究者としての私の成長に大きな影響を与えたすべての人々にお礼申し上げたい。本書でお名前を述べる機会のなかった多くの方々にも支えられて見守られて、フタバスズキリュウも私も学問の世界にデビューすることができた。なお、残念なことに本書に登場する以下の方々が逝去されている：エリザベス・ニコルス先生（2004年）、濱田隆士先生（2011年）、小畠郁生先生（2015年）、ラッセル・ホール先生（2015）年。また、先輩研究者としても私を見守り導いてくれた父は、2013年にこの世を去った。感謝の気持ちを込めて本書を捧げたい。

フタバスズキリュウ発見から50年――本書の出版に寄せて

真鍋　真

２０１８年がフタバスズキリュウ発見50周年という節目の年であることに気がついたのは、２０１７年の秋でした。このころ、発掘地に近い「いわき市石炭・化石館」では、迎えるメモリアルイヤーにフタバスズキリュウの特別な展示やイベントを考えていて、私にその相談が来たのがきっかけです。石炭・化石館でも国立科学博物館でも、フタバスズキリュウは最重要な標本なので、常設展示はすでに充実しています。私は、フタバスズキリュウの発見や研究の物語を展示したり、紹介するのが良いのではないかと思い、これまでに出版されているフタバスズキリュウに関する本や文章を改めて探してみることにしました。そしてその過程で、フタバスズキリュウの名づけ親である佐藤たまきさんが、研究論文以外の本を書かれていないことに気づきました。佐藤さんに現在執筆中の本や計画がないかとメールでお聞きしたところ、それもまだ無いとのお返事です。そこで慌ててブックマン社の藤本淳子さんに、佐藤さんの手によるフタバスズキリュウの本の可能性を相談したのが、2017年11月の終わりのことでした。そこからおよそ8か月、鈴木直さん、長谷川善和先生にもご協力いただいて、出来上がったのがこの本です。各地の博物館で、メモリアルイヤーに、この本の物語を紹介するイベントを開催して欲しいと思っています。

フタバスズキリュウは、古生物ファンのみならず、多くの日本人が知る人気者ですから、これまでにもいくつかの本が出版されてきました。そこには、フタバスズキリュウがどのように発見され、発掘され、クリーニングされたか、わくわくする物語が語られています。佐藤さんは若すぎて、クリーニングまでのプロセスの当事者ではありません。そのためこの本では、恐竜が大好きだった少女が、カナダの大学で首長竜の研究で博士号を取得し、フタバスズキリュウの研究に参加し、フタバスズキリュウを新属新種として世界にデビューさせるまでが書かれています。どのようにフタバスズキリュウを研究したかが第2章のメインテーマですが、このような研究のプロセスを知る機会はなかなかありません。本書は首長竜を研究する、脊椎動物の化石を研究する、そして研究者になるといった、古脊椎動物学の教科書、研究への入門書としても優れた内容だと思います。

与謝野晶子の歌に、「劫初《ごうしょ》よりつくり営む殿堂にわれも黄金の釘一つ打つ」というものがあります。人がこの世にうまれたかぎりは、何か自分の存在を残したい、自分は無用の存在ではなく、自分の人生は自分なりに意義があったと振り返りたいという気持ちを表しているとされています。この歌を鈴木直さんがある講演の中で引用されたそうで、その講演を聞いていた生命科学者の福岡伸一さんは、鈴木さんの意識の高さと謙虚さに感じ入ったそうです。

本書の中で、鈴木直さんは、1926年に徳永重康先生と清水三郎先生が書かれた論文があったから、1968年にフタバスズキリュウを発見することができたとおっしゃっています。そして、フタバスズキリュウの化石が見つかったから、佐藤たまきさんが首長竜の専門家に育ったことは間違いありません。フタバスズキリュウを見ていると、いろいろな人たちが、釘を一本一本打ち続けて来たことを実感することができます。私自身は、フタバスズキリュウの研究にはほとんど貢献することができませんでしたが、この物語の近くにいられたことに感謝しています。この本が、鈴木さん、長谷川先生、佐藤さんからのリレーを継承してくれる、新しい世代の人々と出会ってくれることを願っています。

Profile

佐藤たまき *Tamaki SATO*

古生物学者。東京学芸大学准教授。幼いころより古生物が好きで、古生物学者を目指して進学した東京大学理学部地学科で研究対象としての首長竜に出会う。その後、アメリカ、カナダへの留学を経て首長竜の研究で博士号を取得。フタバスズキリュウの研究に参加し、2006年に新属新種とする論文を発表した。カナダ・王立ティレル古生物学博物館、北海道大学、カナダ自然博物館、国立科学博物館での博士研究員を経て、2007年に東京学芸大学に着任、2008年より現職。2016年猿橋賞受賞。

フタバスズキリュウ
もうひとつの物語

2018年8月5日　初版第一刷発行

著　者	佐藤たまき
企　画	真鍋 真
ブックデザイン	釜内由紀江（GRiD） 井上大輔（GRiD）
絵	かわさきしゅんいち
対談・鼎談	古田 靖
編　集	藤本淳子
special thanks	長谷川善和 鈴木 直
印刷・製本	凸版印刷株式会社

発行者　田中幹男

発行所　株式会社ブックマン社
〒101-0065　千代田区西神田3-3-5
TEL　03-3237-7777
FAX　03-5226-9599
https://bookman.co.jp/

ISBN　978-4-89308-906-9